中國電子商務交易業態發展研究

李紅霞、粟麗厲　著

前言

　　電子商務平臺上商家之間存在著「單點競爭」和「多點競爭」，賣家之間的銷售策略以及相互之間的博弈也愈發激烈。移動平臺的迅速發展和完善使得越來越多的企業必須選擇移動電子商務的路徑和模式，這也成為主流或主導模式。電商產品的交易各方除了價格及其相關因素的博弈外，信用也被看作影響彼此收益的重要因素之一。餘額寶、微信理財通、京東白條等都顯示著移動互聯時代的信用價值和收益存在非常密切的博弈關係。中國移動給用戶國際漫遊也推出了可透支信用額度。這些交易都顯示出信用與收益之間有著密切的關聯。研究移動商務環境下交易信用與收益之間的業態發展有著重要的現實價值和理論意義。

由於作者水平有限，書中不足之處在所難免，懇請專家和讀者批評指正。

李紅霞

目 錄
Contents

第 1 章　引論　/1
 1.1　研究背景　/1
 1.2　國際文獻　/3
 1.3　國內文獻　/6
 1.4　研究內容簡介　/13
 參考文獻　/14

第 2 章　中國電子商務交易環境現狀　/18
 2.1　中國互聯網發展現狀　/18
 2.2　中國網絡購物及網上支付現狀　/22
 2.3　農村電子商務信息基礎設施建設現狀　/25
  2.3.1　農村電子商務信息技術應用現狀
    ——以重慶某區縣為例　/25
  2.3.2　農村電子商務信息化建設需求分析　/27
  2.3.3　農村電子商務信息技術應用面臨的障礙
    ——以重慶某區縣為例　/29
  2.3.4　應用電子信息技術手段促進農村電子
    商務及其經濟發展　/30
 2.4　中國電子商務存在的問題　/35
  2.4.1　電子商務安全與立法問題　/36
  2.4.2　電子商務的徵稅問題　/36

2.4.3　電子商務應用地域差距大　/37

2.4.4　電子商務的人才匱乏　/37

參考文獻　/38

第3章　電子商務交易商家與商家之間收益的多維博弈　/39

3.1　文獻綜述　/40

3.2　模型假定　/44

3.3　均衡求解　/46

3.4　小結　/49

參考文獻　/50

第4章　基於信息構建的電子商務網站建設　/53

4.1　電子商務網站信息構建概論　/58

4.2　網站的IA改造的步驟和措施　/60

4.3　電子商務網站功能性設計　/63

4.4　電子商務網站系統開發及評價　/65

參考文獻　/68

第5章　信息構建應用於電子商務業務系統　/70

5.1　獲取電子商務信息源　/71

5.2　電子商務信息循環式傳遞　/73

5.3　獨立的各級電子商務信息支持平臺　/74

5.4　信息構建在移動BOSS系統中的應用效果　/75

參考文獻　/76

第6章　返利網綜合評價　/78

6.1　對返利網站分析　/82

6.1.1　返利網的盈利模式　/82

　　6.1.2　返利網的內部問題和外部競爭　/84

　　6.1.3　返利網發展的長期性和信息安全性　/86

6.2　返利網綜合評價指標　/87

　　6.2.1　界面指標　/88

　　6.2.2　技術指標　/90

　　6.2.3　信息指標　/92

6.3　返利網的評價和相應對策和建議　/93

　　6.3.1　返利網的評價　/93

　　6.3.2　相應對策和建議　/96

6.4　對返利網的總結和展望　/98

參考文獻　/99

附錄　/102

第7章　電子商務軟件保護及其外包數據安全　/104

7.1　非對稱加密在電子商務軟件保護中的應用　/104

7.2　以.Net為例探討電子商務軟件保護技術　/110

　　7.2.1　瞭解我們的對手——破解者採用的方法　/110

　　7.2.2　構建堅固的盾——防止軟件被破解的方法　/111

7.3　雲計算環境下的電子商務服務外包數據安全問題研究　/117

　　7.3.1　外包數據存儲方式安全　/119

　　7.3.2　服務外包數據訪問的安全分析　/125

　　7.3.3　服務外包數據傳輸的安全分析　/128

　　7.3.4　外包數據安全插件的設計　/130

参考文献 /134

第8章 移動支付安全 /137

8.1 基於WPKI的移動支付安全 /137
  8.1.1 移動支付現狀分析 /138
  8.1.2 WPKI組成分析 /142
  8.1.3 WPKI在移動支付安全方面的實現 /145
  8.1.4 WPKI技術的發展現狀及展望 /148

8.2 基於手機APP的第三方移動支付平臺安全問題 /150
  8.2.1 手機移動支付及手機移動支付平臺概述 /151
  8.2.2 手機移動支付流程中面臨的安全問題現狀 /154
  8.2.3 手機移動支付安全問題出現的原因分析 /155
  8.2.4 對以上安全問題應採取的措施 /161
  8.2.5 總結與展望 /164

參考文獻 /164

第9章 網上支付物業費繳納系統分析與設計 /167

9.1 物業費收費現狀分析 /169
9.2 網上支付物業費的分析 /170
  9.2.1 網上支付物業費現狀 /170
  9.2.2 某物業公司網上支付物業費的問題及對策 /171
9.3 網上支付物業費繳納系統的解決方案 /173

9.3.1　用戶需求分析　/173
　　9.3.2　系統設計目的　/176
　　9.3.3　數據流程分析　/176
　　9.3.4　E-R圖分析　/178
　　9.3.5　系統結構設計　/179
參考文獻　/183

第10章　電子商務產業發展路徑選擇研究　/185
10.1　文獻回顧　/186
　　10.1.1　國外文獻　/186
　　10.1.2　國內文獻　/187
10.2　電子商務產業發展路徑模型構建　/188
　　10.2.1　約束路徑選擇模型　/189
　　10.2.2　擴張路徑選擇模型　/190
　　10.2.3　發展路徑選擇模型　/191
10.3　主要系數的計算方法　/192
　　10.3.1　直接消耗系數　/192
　　10.3.2　完全消耗系數　/193
　　10.3.3　直接分配系數　/193
　　10.3.4　完全分配系數　/194
　　10.3.5　影響力系數　/194
　　10.3.6　感應度系數　/195
10.4　研究對象及數據來源　/196
10.5　產業關聯度實證分析　/197
　　10.5.1　產業關聯度分析　/197
　　10.5.2　波及效果分析　/202
10.6　電子商務產業路徑選擇　/203

10.7 政策建議 /206
    10.7.1 建立公平、公正的電子商務法律系統 /207
    10.7.2 建立誠信第三方支付平臺，完善誠信體制，建立社會信用體系 /207
    10.7.3 提高物流效率 /208
    10.7.4 加強人才培養 /209
    10.7.5 大力發展移動商務 /209
    10.7.6 建立合理的風險管理制度 /210
    10.7.7 加強電子商務稅收管理與徵收 /210

10.8 總結與展望 /211

參考文獻 /213

第 1 章

引　論

1.1　研究背景

　　自產生以來，網絡帶給我們的便利是毋庸置疑的。由於網絡的出現，信息技術才有了進一步的發展，並引起了電子商務時代的到來。與傳統的商務模式相比，電子商務具有明顯的虛擬性、跨時空性、高效性以及便捷性等優點。中國電子商務從無到有，從單一行業到各行業都紛紛建立了自己的電子商務網站，中國政府也一直很重視電子商務的發展。電子商務交易模式已經成為都市群裡的主流模式，電子商務的市場發展潛力是無窮的。電子商務的快速發展令我們反思電子商務產業的發展該何去何從，其發展應該考慮哪些因素。

　　中國電子商務從 2007 年開始進入快速發展階段。「網購」在中國城鄉居民的經濟生活中扮演著越來越重要的角色。「互聯網+」相關政策的支持，促進了網絡購物快速發展，帶動了其他行業升級轉型。2015 年 3 月，政府在工作報告中提出「互聯網」概念，旨在通過互聯網帶動傳統產業發展，而網絡購物作為「互聯網+」切入口，能夠帶動傳統零售、物流快

遞、交通、生產製造等其他行業升級轉型。隨後，商務部發布的《「互聯網+流通」行動計劃》，進一步明確了網絡購物與其他產業深度融合、轉型升級的任務部署。

電子商務的迅速發展使得越來越多的企業開始涉足該領域，市場競爭變得愈發激烈，電子商務平臺上的賣家大多數可以被看作小型商業組織，而銷售同類產品的商家之間存在著「單點競爭」和「多點競爭」，賣家之間銷售策略的博弈也愈發激烈。

在互聯網技術推動下，電子商務在促進產業結構優化升級、轉變經濟發展方式方面以其特有的新業態和盈利模式給了人們極大的振奮，其未來的發展更是留給人們無限的想像空間。但是，電子商務產業的發展不可能一蹴而就，它需要遵循產業發展的內在規律。因此，選擇合適的產業路徑將有助於電子商務產業的可持續發展。

消費市場運行總體平穩，中國居民人均可支配收入穩步提升，這為網絡購物市場的繁榮發展提供了必要的基礎保障。與此同時，隨著中國經濟由外需驅動向內需驅動的轉變，網絡購物在實現消費拉動經濟增長的過程中扮演著越來越重要的角色，移動網購、跨境網購和農村網購等發展潛力逐步凸顯，它們將成為新的增長點。

基於這樣的時代背景和環境情況，我們有必要研究電子商務交易方面的國際和國內文獻、中國電子商務交易環境現狀、電子商務交易雙方的博弈關係、電子商務網站建設情況、電子商務業務系統的信息構建情況、返利網的情況、電子商務軟件安全及其數據安全性、移動支付安全問題及其對策等內容。

1.2 國際文獻

　　S. Subba Rao 等（2003）深入分析了電子商務的發展階段，建模分析了在每個階段中小企業發展電子商務的路徑與障礙，展望了未來研究的重點，即每個階段的具體項目、開發模式和實證檢驗模型構建。Charles M. Wood 為亞太地區新興經濟體研究了一個電子商務發展的雙路徑模式，一是「自下而上」的活動，如基礎設施開發；另一個是「自上而下」的方法，如創業。兩種路徑的結合可以促進電子商務的發展以及營銷，也可以推動本國經濟的發展。其提到了電子商務自身發展的基礎設施。Rajshekha G. Javalgi、James J. 等（2005）構建了一個組織生態動力學模型，繪製了一個平行之間的種群生態學模型和目前全球電子商務環境，並研究其發展的途徑。Wong, Xiaodong 等（2004）認為中國的互聯網市場、網民的數量、電話的普及率都在以十分快的速度增長，但電子商務傳統的商業模式、傳統的消費行為以及消費預期的差異等，使得中國電子商務市場較西方國家發展緩慢。Chan、Busli 等（2002）分析了電子商務在新加坡的發展模式以及發展路徑。他們認為，新加坡作為一個小國，天然資源有限，但電子商務基礎設施良好，所以政府對企業的支持是新加坡成功發展電子商務的一個重要途徑。

　　國外一些發達國家電子商務起步早，發展也較為成熟。全球電子商務發展勢頭強勁，其所創造的價值占各國國民生產總值的比重日益提高。韓國電子商務的發展歷程，可分為萌芽期（1989—1993 年）、成長期（1994—2000 年）、飛躍期（2001—2007 年）和繁榮期（2008 年以後）；韓國的電子商務發展，也為 20 世紀 80 年代後期關於貿易業務自動化的爭論提

供了時代背景。2005 年韓國在世界範圍內最先開通了電子信用證業務，自 2008 年起，綜合電子貿易系統「U-Trade Hub」投入使用，同時韓國積極向墨西哥、蒙古輸出電子商務系統，向世界各國宣傳並普及韓國電子貿易系統的應用，由此迎來了韓國電子商務發展的繁榮期。美國電子商務是「商務推動型」，在美國，電子商務實踐早於電子商務概念，企業的電子商務需求「推動」了網絡和電子商務技術的進步，並促成電子商務概念的形成。美國電子商務所產生的營業額已高達商務總額的三分之一以上。日本電子商務起步較晚，但發展迅速。日本 B2B（Business to Business，以下簡稱 B2B）電子商務是在美國的影響下發展起來的，大企業之間電子商務和國內電子商務一直是日本主流；在 B2C（Business to Consumer，以下簡稱 B2C）電子商務方面，日本以便利店形式的電子商務為主流。日本電子商務的發展得益於網絡通信基礎環境的迅速發展，具有鮮明特色的通信和上網的快速發展。《亞洲信息日報（中國版）》（Asia info Daily China News）上認為隨著中國電子商務的發展，物流配送已成為制約 B2C 電子商務發展的主要瓶頸。連鎖經營的營銷網絡將成為主流的 B2C 物流配送。這將有利於中國加快發展連鎖經營，以幫助電子商務擺脫困境。Badamas 等人認為信息和通信技術為經濟和其他領域的跨越發展提供了一個平臺，知識和信息是相互關聯的，信息和知識的有效利用卻依賴高效信息技術的可用性，反過來，這將加快發展中經濟體電子商務的發展。《麥克拉奇商業新聞報》（McClatchy-Tribune Business News）中認為大眾缺乏互聯網意識是阻礙電子商務發展的因素之一，而且那些試圖破壞計算機安全系統的黑客的威脅也是電子商務發展中必須正視的問題。Watson 等認為特許經營近年來在發達經濟體如美國和英國已經表現出相當大的增長潛力，目前約占所有零售銷售額的三分之一，所以他們認為未來電子商務可通過特許經營向零售業發

展。Chen，Juhua 等人認為不正規的電子商務教育體系是目前中國電子商務難以發展的一個主要問題之一。根據抽樣調查中國電子商務專業課程後，他們發現了其不合理性，認為主要是設計的知識結構不全面、教材陳舊以及教學相關的老師和專業人士的不足導致了該課程的不完美。Thomase E. Weber 認為不管是經營範圍大的，還是小的商業都開始依託於因特網轉向電子商務的網上商城等領域。他們認為，電子商務行業與北美最大的批發商聯合文具店公司聯手建立網上商城將會更有力地推動電子商務產業的發展。Mark Fox 在分析美國音樂產業發展現狀的基礎上，把電子商務發展模式應用於音樂產業發展過程，給出了音樂產業可用的三種電子商務模式，即訂購模式（Subscription Model），按音軌或者按唱片付費模式（Pay-per-track or Pay-per-album Model），以及藝術家到消費者的模式（Artist-to-consumer Model），並且分析了三種模式的利弊。Leo Huang 根據研究發現臺灣的住宿和早餐業營運商認為電子商務策略有兩大資源優勢、四大競爭優勢和兩大極小優勢，針對住宿和早餐業提出了最優化的電子商務策略模型，並對具體應用作了說明。CUC Sunhilde 等人對電子商務內涵進行了說明，給出了電子商務的交易類型，比如 B2B，B2C，B2A（Business to Administration），C2C（Consumer to Consumer，以下簡稱 C2C），A2C（Administration to Consumer），並介紹了不同交易模式的發展情況，同時針對羅馬尼亞電子商務發展狀況，給出了相應的建議和意見。

Zhang，Xianfeng 等人提到隨著全球電子商務企業爆炸性的增長，電子商務在中國的蓬勃發展，電子商務的教育是首要任務，他們構建了一個四層的概念模型來描述電子商務和電子商務教育的相關影響因素，最後提出了政府主導的教育體制改革的發展戰略。

這幾個較具代表性的國外文獻提到的電子商務的發展影響

要素中較突出的是基礎設施的開發不夠、傳統模式的衝擊以及公共部門的支持等。因此中國的電子商務產業發展可以參考從這些方面入手，改變電子商務的現狀。

1.3　國內文獻

國內文獻中，黃宇等人認為電子商務是信息化條件下的新型經濟活動，是以數字化、網絡化、遠程化為特徵進行經濟活動的一種全新方式。近年來，中國的電子商務發展經歷了從國外引進，從本土企業開始學習、消化、吸收、再創新的歷程，目前已進入快速發展時期。《2010—2011年度中國電子商務發展報告》顯示，2011年中國電子商務交易總額達5.88萬億元人民幣，同比增長29.2%；電子商務服務企業突破15萬家，電子商務服務業收入達到1,200億元；第三方網上支付交易額達到2.16萬億元。杭州、深圳、成都是中國電子商務產業發展勢頭較好的三大城市，其中經驗值得借鑑。杭州市委市政府高度重視電子商務產業發展，並將其作為推動區域發展的戰略性產業之一，通過大力扶持和引導，建設杭州電子商務產業園，設立電子商務進企業專項資金，實施產業「三三制」優惠政策，推進核心企業驅動計劃，使電子商務產業成為杭州一個新的經濟增長點。以2009年為例，杭州僅面向個人的電子商務零售額就占到社會零售總額的5%~6%。深圳從2004年開始啟動電子商務產業發展計劃，加快建設以福田國際電子商務產業園為旗艦、龍崗和龍華電子商務園為兩翼的電子商務產業基地，引導電子商務龍頭企業創新發展，推進PT37網首創的產業集群生態鏈垂直循環營銷B2B2C2C2B模式，成為中國電子商務產業的新高地。成都市借「三產聯動」之力與「圈層融合」之勢，科學佈局電子商務服務業，優化電子商務服

務業生態體系，通過連續三年財政設立電子商務發展資金使其規模從600萬元擴大到5,000萬元、加快建設青羊工業總部基地電子商務園、營造優良電子商務服務業生態體系等系列舉措，正在逐步形成以一圈層電子商務服務產業鏈為核心、二圈層面向先進製造業發展生產性電子商務服務、三圈層針對農業和旅遊業推進特色行業電子商務服務的基本格局，成為西部地區吸引大型電子商務企業落戶最多的城市，正逐步向中國IT產業「第四極」的目標奮鬥。三大城市的產業發展格局不同，但卻有以下共同點和經驗值得我們學習和借鑑。一是政府重視，政府對電子商務產業發展制定明確目標，整體規劃，統籌推進；二是理念創新，積極推進電子商務產業園建設，助推產業集群發展；三是優化環境，加快配套設施建設的同時，出抬專業化產業扶持政策，設立產業資金；四是引導核心龍頭企業帶動產業整體快速發展。高晨光認為電子商務已經成為現代網絡銷售的趨勢。不過電子商務在中國還處於初級階段，功能比較單一，網站雖然很多，但也就是發布產品信息，發布網絡廣告，進行電子交易，完成產品的支付，沒有發揮電子商務真正的功能。且地區發展嚴重不平衡，尤其是西部的偏遠山區，網絡基礎設施落後，嚴重制約了電子商務的開展。劉電威認為中國正在加速步入互聯網時代。在2010年3月，騰訊同時在線人數超過1億人，支付寶用戶超過5億。他認為，中國發展電子商務的主要問題是制度、物流以及數據，而且企業電子商務與企業資源規劃、業務流程融合較難，電子商務發展地域和行業極不平衡，這都是未來中國發展電子商務所要解決的關鍵問題。葉佳麗認為電子商務的多姿多彩給世界帶來了全新的商務規則和方式，這更加要求政府在管理上要做到規範，而目前電子商務的管理，包括商務管理、技術管理、服務管理等方面還沒有標準的範式。其次，要解決電子商務的標準問題，重點在於：一是建立統一標準的電子商務綜合服務平臺；二是電子商

務的關鍵在於業務，龍頭是其應用，所以，要把各種各樣的業務和服務接進來；三是解決互聯互通的標準問題。李景怡等人認為保障電子商務的安全是電子商務發展的核心問題。目前，中國的 Internet 安全技術落後，缺乏自主知識產權的信息安全技術產品，信息安全方面依賴美國的技術，所以中國的安全保障體系很脆弱。在西部地區，還沒有一個 CA 認證中心，這已經阻礙了電子商務的發展，所以，在西部地區要盡早完善信用管理體系；其次，西部地區缺乏對外貿易的電子商務平臺。電子商務的核心內容是通過互聯網進行信息溝通和交流，洽談確認後發生交易，但西部地區從事電子商務的網站寥寥無幾，沒有以行業為對象的電子商務平臺，所以構建西部的電子商務平臺是西部地區發展電子商務的首要任務。李明睿等人認為重慶目前對電子商務的重要性認識還不夠，電子商務市場規模還不足，有待擴大，並且電子商務的基礎支撐服務體系發展相對落後，互聯網僅僅在主城區和城市普及，廣大的農村還存在網絡基礎設施建設滯後、上網人數嚴重不足、價格不合理等問題。最後他們還認為重慶電子商務統計的工作嚴重滯後，重慶目前還沒有任何一個機構或組織進行定期的、比較全面的電子商務發展狀況的統計工作，這也導致政府部門在制定針對性政策推動企業電子商務發展時存在較大困難。他們從重慶本地電子商務發展問題分析出發，指出重慶本地電子商務發展過程中存在的一些突出問題，比如對電子商務的重要性認識不夠，市場規模較小，電子商務基礎支撐服務體系發展相對滯後，物流體系和網絡信用程度的制約，既懂網絡又懂商務的複合型人才匱乏等問題，並提出了具有針對性的發展對策和建議，但是這些對策建議大部分不具有可操作性。陳德剛針對電子商務的產業集群發展模式，提出電子商務產業集群的特點，並把中國電子商務產業集群分為四種模式：電子商務產業園型、龍頭企業主導型、第三方平臺型、行業平臺型。陳德剛對電子商務產業集群

協同創新競爭優勢進行了分析，指出有降低營運成本、資源整合共享、增強創新合作三方面的優勢，並分析了武漢發展電子商務產業集群協同的有利因素，給出了武漢電子商務產業集群協同創新發展的模式。一是基於價值鏈的以龍頭企業為核心的協同創新模式；二是政產學研協同創新模式。涂冬山根據電子商務產業鏈理論中的長尾理論提出電子商務產業鏈包括鏈核企業群、關聯企業群和共同平臺三大基本要素，並根據電子商務產業價值傳動機制的分類，其產業鏈拓展路徑可分為供應鏈（融合發展階段）、生態鏈（大電子商務階段）和資本鏈（全球電子商務階段）拓展三類。他對杭州電子商務產業鏈現狀進行了評估和展望，給出了具有針對性的政策性建議。戴旭分析了航運物流企業發展電子商務的動因以及其發展類型和特徵，給出了航運物流企業電子商務發展路徑選擇，分別是基礎路徑：直線型、拓展路徑：星型、擴散路徑：網絡型，並給出了大致的解釋說明。馮纓等人提出企業電子商務發展路徑的概念模型，包括信息展示、網上交互、網上交易、信息集成四個階段，並將計劃行為理論應用於中小企業電子商務發展路徑的分析研究上，從決策層的行為意圖、行為態度、主觀規範、知覺行為控制等方面分析了其對中小企業電子商務發展的影響。他們提出了基於計劃行為理論的中小企業電子商務發展路徑的修正模型，增加了第0階段和各階段的跳躍關係。王立軍等人對義烏電子商務發展現狀進行了梳理總結，對其發展中存在的問題作了分析，指出與電子商務發達地區相比，義務的電子商務發展還存在諸多問題：一是經營理念傳統，對電子商務重要性認識不夠；二是對電子商務的應用層次和能力有待提高，配套設施建設滯後；三是缺乏專業的電子商務知識和人才，發展環境有待優化。在對義務網上市場和實體市場發展關係進行階段分析之後，他們提出了三種義烏電子商務發展的路徑選擇，分別是：由市場開發商打造一個全新的網絡平臺，實現實

體市場的整體搬遷；依託國內現有電子商務營運商，實現義烏市場與其的合作，開展網上市場與實體市場的對接互動；以四季青市場為例運用兩條腿走路的中間路線。同時，他們也給出了進一步發展電子商務的政策建議。朱輝等人對中國圖書電子商務進行了分析，指出其主要類型，即 B2B、B2C、C2C 三種，以及目前國內圖書電子商務發展中遇到的問題，給出了中國圖書電子商務發展路徑的主要著手點：積極創新適合中國國情的經營模式；既要內容為王，又要收益為王；樹立整合理念，培養複合型人才。李欣分析了農產品電子商務產業價值鏈的內涵以及中國農產品電子商務產業價值鏈存在的問題，給出了中國農產品電子商務發展策略——加大宏觀政策引導力度、加強信息基礎設施建設、增強參與主體間協作程度、完善交易平臺基本功能、健全產品標準管理體系、建立高效物流配送體系和壯大涉農電子商務隊伍。陳德剛認為電子商務產業集群是產業集群創新和電子商務發展的趨勢。他對電子商務產業集群含義進行了探討，分析了武漢電子商務產業集群的發展現狀，並從建立電子商務產業園、重點培育特色的電子商務產業鏈、打造核心競爭力的產業集群三個方面提出了武漢發展電子商務產業集群的策略。蔡定福等人提出了推進上海電子商務產業集群發展的策略，主要有培育良好的電子商務行業發展環境、加強第三方機構建設、加快產業載體建設、充分發揮龍頭企業帶動作用。王慧分析了中國電子商務人才需求狀況和電子商務人才狀況的主要特徵，解釋了電子商務人才需求的矛盾，給出了改善中國電子商務企業人才現狀的方法和思路，即：改善電商企業的人力資源管理制度；改善當前的電商人才培養（訓）體系；企業要合理儲備、使用電商人才；完善企業機制和培養良好的企業文化。

　　在國內文獻中，大多學者從定性角度分析了電子商務的路徑選擇，提出約束要點和政策建議。如馮纓、徐占東（2011）

進行了中國中小企業發展電子商務的組織特徵性和環境特徵性分析，前者分析了企業規模、信息技術水平、策略、投資規模、領導支持等，後者分析了來自同行競爭壓力、同行夥伴壓力、習俗潮流壓力的特徵，另外還有創新性特徵分析。杜勇、杜軍、陳建英（2010）著力分析了電子商務從業人員的各方面素質要求，同時丁榮濤（2013）在產業融合的情況下也探討了電子商務的人才發展，對次設計了人才、人力資本優化演進框架，二者均說明了人力資本的重要性。在傳統信息服務上的環境下也可以開展電子商務，李小東、周文文、陳遠高（2001）就對此提出了策略，其利用 SWOT 分析方法進行的分析，點出了不同環境對電子商務的影響各有不同。汪明峰、盧姍（2009）選取文化、歷史、政策、法律、空間格局等因素研究了不同國家之間 B2C 電子商務發展依賴的路徑。線下電子商務需要物流管理做重要支撐，若物流管理嚴重滯後，在一定程度上會造成電子商務發展的困境，而邱均平、宋恩梅（2002）針對此提出了電子商務中物流管理的創新，可見電子商務的發展涉及了另一些產業。微觀角度上講，也有不少學者對電商企業進行了討論，比如丁乃鵬、黃麗華（2002）從電子商務成長的環境方面，討論了電子商務模式的特點及其對企業發展的影響；黃曉蘭（2010）以義烏市某飾品廠為例，分析了中小企業發展電子商務面臨著物流、第三方支付平臺、客戶忠誠度和網絡技術方面的困難，並提出了相應改善意見；譚曉林、周建華（2013）將影響企業電子商務採納的因素按照範圍、程度上由大及小的順序將其劃分為三個層面：區域層次上的因素、產業層次上的因素和企業層次上的因素。企業電子商務採納的關鍵在於價值創新。為提高企業電子商務採納成功率，企業需要從內、外兩個方面入手，有效匹配資源，提高環境恰適度，走自主創新之路。

中國電子商務的社會信用體系還不完善，目前主要採用仲

介人模式、擔保人模式、網站經營模式和委託授權模式四種信用模式，但其還存在很大的不足，互聯網安全技術不健全。目前電子商務人力資源匱乏，中國的電子商務知識尚未普及，而且部分高校開設的電子商務專業培養方向模糊，系統學習電子商務知識、積極培養電子商務人才已成為當務之急。最後，電子商務活動的物流配送體系不完善，現有的配送供給在地域、速度、效率、準確度、價格、服務水平等方面與電子商務的要求還有較大差距。

電子商務的多姿多彩給世界帶來了全新的商務規則和方式，這更加要求管理者在管理上要做到規範，而目前電子商務的管理，包括商務管理、技術管理、服務管理等方面，還沒有標準的範式。要解決電子商務的標準問題：一是要建立統一標準的電子商務綜合服務平臺；二是電子商務的關鍵在於業務，應用是其龍頭，所以，要把各種各樣的業務和服務接進來；三是解決互聯互通的標準問題。

保障電子商務的安全是電子商務發展的核心問題，目前，中國的 Internet 安全技術落後，缺乏自主知識產權的信息安全技術產品，信息安全方面依賴美國的技術，所以中國的安全保障體系很脆弱。在西部地區，還沒有一個 CA 認證中心，這已經阻礙了電子商務的發展，所以，在西部地區要盡早完善信用管理體系。其次，西部地區缺乏對外貿易的電子商務平臺。電子商務的核心內容是通過互聯網進行信息溝通和交流，洽談確認後發生交易，但西部地區從事電子商務的網站寥寥無幾，沒有以行業為對象的電子商務平臺，所以構建西部的電子商務平臺是西部地區發展電子商務的首要任務。

自網絡產生以來，其帶給我們的便利是毋庸置疑的。由於網絡的出現，信息技術才有了進一步的發展，並引起了電子商務時代的到來。與傳統的商務模式相比，電子商務具有明顯的虛擬性、跨時空性、高效性以及便捷性等優點。中國電子商務

從無到有，從單一行業到各行業都紛紛建立起自己的電子商務網站，中國政府也一直很重視電子商務的發展。雖然目前還不能預測電子商務交易模式何時能成為主流模式，但電子商務的市場發展潛力是無窮的。雖然中國的電子商務總量在逐年增長，然而其發展卻存在典型的地域不平衡性，東南沿海屬於較發達地區，北部和中部屬於快速發展地區，而西部則相對落後。同時，關於電商的投訴也始終沒有停息。

1.4　研究內容簡介

全書共分為 10 章。第 1 章引論從研究背景、國際文獻、國內文獻等方面，在綜述國內外關於電子商務交易方面的研究文獻基礎上，對中國電子商務交易環境現狀作出了調查分析，指出了存在的問題。第 2 章從中國互聯網發展現狀、中國網絡購物及網上支付現狀、農村電子商務信息基礎設施建設現狀、中國電子商務存在的問題等方面研究了中國電子商務交易環境現狀。第 3 章利用模型求解研究了電子商務交易中商家與商家之間收益的多維博弈。從多維博弈理論出發，針對電子商務環境下的多個同質商品經營商家的博弈，採用主要的策略變量：廣告投入、相關交易服務投入和商品售價進行了深入分析，通過求解，得到了多維博弈下的商家博弈的均衡解。第 4 章從以信息構建角度分解網站的改造步驟和措施、電子商務網站功能性設計、電子商務網站系統開發等方面研究了基於信息構建的電子商務網站建設。第 5 章從獲取電子商務信息源、電子商務信息循環式傳遞、獨立的各級電子商務信息支持平臺、信息構建在移動 BOSS 系統中的應用效果等方面研究了信息構建如何應用於電子商務業務系統。第 6 章以 51 返利網為例，研究了返利網的盈利模式、返利網的內部問題和外部競爭、返利網發

展的長期性和信息安全性、返利網綜合評價指標、返利網的評價和相應對策、建議。對返利網的評價主要是對返利網的盈利模式、內部問題、外部競爭和返利網發展的長期性、信息安全性三個方面進行分析，得出返利網的優缺點以及存在的問題。第 7 章研究了非對稱加密在電子商務軟件保護中的應用、以.Net 為例探討電子商務軟件保護技術、雲計算環境下的電子商務服務外包數據安全問題研究。第 8 章研究了基於 WPKI 的移動支付安全、手機 APP 的第三方移動支付平臺安全問題。第 9 章進行了網上支付物業費繳納系統分析與設計。第 10 章通過約束路徑和擴張路徑兩個方面的分析，計算完全消耗系數與直接消耗系數的比值和完全分配系數與直接分配系數的比值，並且剔除無效數據，比較約束路徑選擇指標和擴展路徑選擇指標，判斷出電子商務產業良好發展前景的約束產業和擴張產業。

參考文獻

[1] 中華人民共和國工業和信息化部. 電子商務「十二五」發展規劃 [EB/OL]. [2013-03-27] http://www.miit.gov.cn/n11293472/n11293832/n11293907/n11368223/14527814.html.

[2] 佚名. 黃奇帆市長、張軒主任對《電子商務產業發展趨勢與重慶應對》的重要批示 [EB/OL]. [2013-04-02] http://www.cqfz.org.cn/news.asp?id=7126&module=759.

[3] 佚名. 重慶市人民政府關於加快建設長江上游地區商貿物流中心的意見 [EB/OL]. http://zc.k8008.com/html/chongqing/shizhengfu/2013/0217/907838.html.

[4] 李政世. 韓國電子商務的發展研究 [J]. 國際經濟戰略, 2011, 9.

[5] 易芳. 電子商務產業發展模式研究 [D]. 北京：北京

交通大學, 2011.

[6] 佚名. 日本電子商務的發展階段及現狀分析 [EB/OL]. 中國電子商務研究中心, 2012-09-24.

[7] Anonymity. The Development of E-commerce Call for Chain Operation [N]. Asia info Daily China News, 2002, 6 (3).

[8] Badamas, Muhammed. Knowledge Management and Information Technology: Enablers of E-commerce Development [J]. Communications of the IIMA, 2009, 4 (9).

[9] Anonymity. Lack of Internet-awareness Hampers Development of E-commerce [N]. McClatchy-Tribune Business News, 2006, 8 (19).

[10] Watson, Anna, Kirby, et al. Franchising, Retailing and the Development of E-commerce [J]. International Journal of Retail & Distribution Management, 2002, 5 (30).

[11] Chen, Jihua; Hu, Yong; Wang, Wei. E-commerce in China [J]. Journal of Electronic Commerce in Organization, 2004, 6 (2).

[12] Thomas E. Weber. E-Commerce Industries to Ally With Wholesaler [J]. Wall Street Journal, 1999, 7 (8).

[13] Mark Fox. E-commerce Business Models for the Music Industry [J]. Popular Music and Society, 2004, 27 (2).

[14] Leo Huang. Bed and Breakfast Industry Adopting E-commerce Strategies in E-service [J]. The Service Industries Journal, 2008, 28 (5).

[15] CUC Sunhilde, KANYA Hajnalka. Electronic Commerce-A Modern Form of Business [J]. Journal of Electrical and Electronics Engineering, 2011, 4 (1).

[16] 黃宇, 陳娟, 邊文玉, 潘紅虹. 電子商務發展模式

典型案例分析［J］．國際市場，2012，（Z4）．

［17］王宏斌．加快推進寧波電子商務產業發展［J］．三江論壇，2013，1．

［18］高晨光．中國電子商務發展現狀、問題及對策分析［J］．電子測試，2013（5）．

［19］劉電威．中國電子商務發展現狀、問題與對策研究［J］．特區經濟，2011（12）．

［20］葉佳麗．中國電子商務發展現狀及其面臨的問題［J］．商業經濟，2010（4）．

［21］李景怡，李焱．西部電子商務發展的問題與對策［J］．社科縱橫，2006（9）．

［22］李明睿，譚蓓，史毅飛，易詩蓮．重慶市電子商務發展中存在的問題及對策研究［J］．中國商貿，2010（5）．

［23］陳德剛．中國電子商務產業集群發展模式研究［J］．江蘇商論，2012（10）．

［24］陳德剛．武漢電子商務產業集群協同創新發展問題研究［J］．江蘇商論，2012（9）．

［25］涂冬山．電子商務產業鏈拓展機制研究——以杭州為例［J］．科學發展，2011（10）．

［26］戴旭．現代航運物流企業電子商務發展路徑研究［J］．中國儲運，2010（8）．

［27］馮纓，趙喜倉．中小企業電子商務發展路徑模型研究［J］．科技管理研究，2009（9）．

［28］王立軍，任亞磊．義烏電子商務發展路徑研究［J］．電子商務，2011（4）．

［29］朱輝，劉萱．中國圖書電子商務發展路徑探析［J］．編輯之友，2008（4）．

［30］李欣．基於產業價值鏈的中國農產品電子商務發展策略研究［J］．商業時代，2012（18）．

[31] 陳德剛. 武漢電子商務產業集群發展策略分析 [J]. 特區經濟, 2012 (10).

[32] 蔡定福, 岳焱. 上海電子商務產業集群推進策略研究 [J]. 商業時代, 2012 (18).

[33] 王慧. 中國電子商務人才發展狀況分析與解決途徑研究 [J]. 中國商貿, 2013 (2).

第 2 章

中國電子商務交易環境現狀

中國的電子商務從 2007 年起開始進入飛速發展的階段,尤其是以 B2C、C2C 為代表的網絡零售業,年均增長率高達 70%,擴張速度驚人。國家「十二五」計劃把電子商務作為產業結構優化升級、轉變區域經濟發展方式的戰略重點,明確提出要積極發展電子商務產業。電子商務正如雨後春筍般快速發展起來。

2.1 中國互聯網發展現狀[1]

1997 年,國家主管部門研究決定由中國互聯網絡信息中心(CNNIC)牽頭組織有關互聯網單位共同開展互聯網行業發展狀況調查,自 1997 年至今,CNNIC 已成功發布了 36 次全國互聯網發展統計報告。當前互聯網已經成為影響中國經濟社會發展、改變人民生活形態的關鍵行業。CNNIC 的歷次報告見證了中國互聯網從起步到騰飛的全過程,並且以嚴謹、客觀的數據,為政府部門、企業等各界掌握中國互聯網發展動態、制定相關決策提供了重要依據,受到各個方面的重視,被國內外廣泛引用。

---

[1] 本小節的數據內容主要來源於 2015 年 7 月 22 日的《第 36 次中國互聯網絡發展狀況統計報告》(http://www.cnnic.net.cn/hlwfzyj/hlwxzbg/)。

自1998年以來，中國互聯網絡信息中心形成了於每年1月和7月定期發布《中國互聯網絡發展狀況統計報告》的慣例。第36次統計報告延續了以往的內容和風格，對中國網民規模、結構特徵、接入方式和網絡應用等情況進行了連續的調查研究。

第36次全國互聯網發展統計報告顯示，截至2015年6月，中國網民規模達6.68億，互聯網普及率為48.8%；中國手機網民規模達5.94億；中國網民中農村人口占比為28.2%，規模達1.78億；手機上網的網民比例為83.4%。

2015年中國網民規模與互聯網普及率如圖2-1所示：

圖2-1　中國網民規模與互聯網普及率

2015年中國手機網民規模及其占整體網民比例如圖2-2所示：

2014—2015年中國網民使用電腦接入互聯網的各場所比例如圖2-3所示：

19

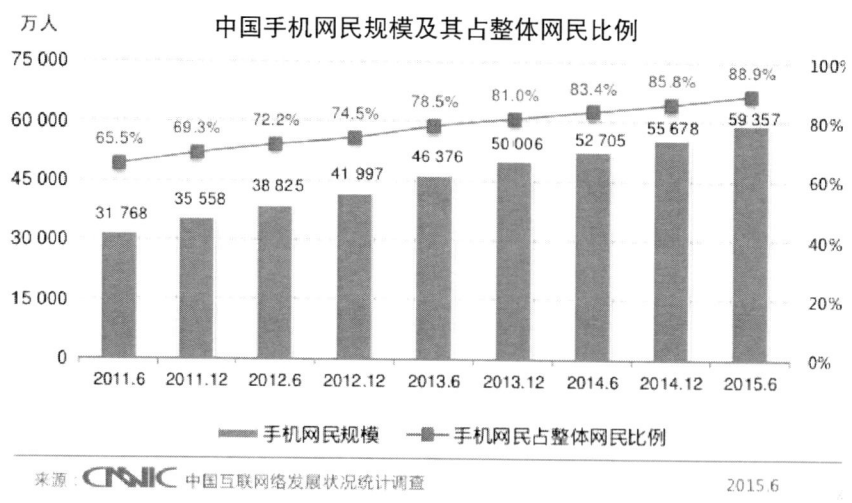

圖 2-2　中國手機網民規模及其占整體網民比例

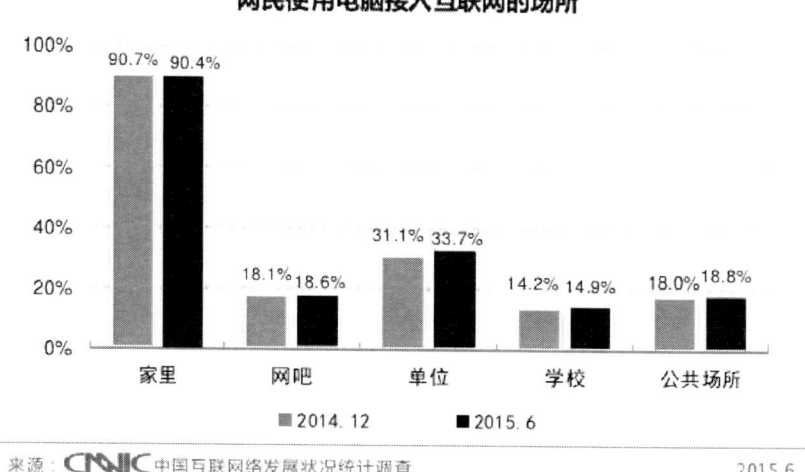

圖 2-3　網民使用電腦接入互聯網的場所

　　移動上網設備的逐漸普及、網絡環境的日趨完善、移動互聯網應用場景的日益豐富，這三個因素共同作用，促使手機網民規模進一步增長。

　　首先，智能手機價格下降，為手機上網奠定了基礎。今年上半年，各大互聯網廠商和傳統家電企業對於手機市場的進入

促使智能手機價格持續走低，進而提升了網民購買力。其次，政府加大對移動上網的扶持，通過督促營運商降低上網資費，提升網絡覆蓋能力等措施優化網民上網環境，降低手機上網門檻。最後，移動互聯網應用場景的豐富提升了網民的使用意願。移動互聯網與傳統行業加速融合，開發出與各類生活緊密關聯的新應用，吸引了傳統行業用戶開始使用移動互聯網。

中國通信基礎設施的建設和升級、營運商的積極推動以及網民對移動端高流量應用的使用需求，共同推動了 2G 用戶向 3G/4G 用戶的遷移。截止到 2015 年 6 月，中國手機網民中通過 3G/4G 上網的比例為 85.7%。除 3G/4G 外，Wi-Fi 無線網絡也成為主要的上網方式。截止到 2015 年 6 月，83.2% 的網民在最近半年曾通過 Wi-Fi 接入過互聯網，其中在家裡接入 Wi-Fi 無線網絡的比例最高，為 88.9%，在單位和公共場所 Wi-Fi 無線上網的比例相近，分別為 44.6% 和 42.4%（如圖 2-4 所示）。

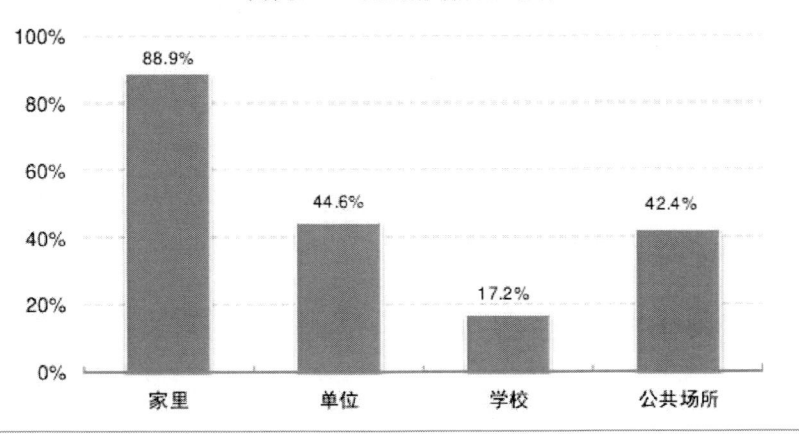

圖 2-4　網民 Wi-Fi 無線網絡接入場所

2.2 中國網絡購物及網上支付現狀[①]

2015年上半年，中國個人互聯網應用發展加速分化，電子郵件、BBS等傳統互聯網絡應用使用率繼續走低；搜索、即時通信等基礎網絡應用使用率趨向飽和，向連接服務方向逐步發展；移動商務類應用發展迅速，成為拉動網絡經濟的新增長點；網絡支付從線上走向線下，使用率增長迅速。此外，網絡炒股成為網民投資焦點，由於股市帶來的用戶分流，使得網絡餘額理財類應用的使用率增長出現停滯。

近年來，網絡購物市場的繁榮與宏觀政策、經濟、社會、技術環境良好密切相關，具體表現為：

「互聯網+」相關政策的支持，促使網絡購物快速發展，帶動其他行業升級轉型。2015年3月，政府在工作報告中提出「互聯網」概念，旨在通過互聯網帶動傳統產業發展。而網絡購物作為「互聯網+」切入口，能夠帶動傳統零售、物流快遞、交通、生產製造等其他行業升級轉型。隨後，商務部發布的《「互聯網+流通」行動計劃》，進一步明確了網絡購物與其他產業深度融合、轉型升級的任務部署。

消費市場運行總體平穩，中國居民人均可支配收入穩步提升，為網絡購物市場的繁榮發展提供了必要的基礎保障。與此同時，隨著中國經濟正在由外需驅動向內需驅動轉變，網絡購物在實現消費拉動經濟增長的過程中扮演著越來越重要的角色，移動網購、跨境網購和農村網購等發展潛力逐步凸顯，其將成為新的增長點。

---

① 本節的數據內容主要來源於2015年7月22日的《第36次中國互聯網絡發展狀況統計報告》（http://www.cnnic.net.cn/hlwfzyj/hlwxzbg/）。

網絡交易環境逐步改善，實名制的推進提升了誠信水平。近兩年，為了回應國家號召，即時通信、網絡購物等企業積極貫徹落實政府的實名制要求，推出包括實名制相關的行業自律公約、用戶實名制認證等誠信舉措，提升行業信任水平，助力形成政府主導、多方參與的交易市場誠信體系建設。

技術的發展推動創新變革，提升用戶消費體驗。互聯網技術的革新對網絡零售業影響較大，多樣化的移動支付方式重塑用戶的消費習慣，智能手機和移動應用的發展將取代傳統錢包。隨著3D打印、無人機送貨、虛擬試衣等技術的研發和完善，更多技術應用不僅能夠提升用戶體驗，而且有助於推動生產運輸、物流配送、平臺展示等營運模式的變革創新。

截至2015年6月，中國網絡購物用戶規模達到3.74億。技術進步驅動網絡支付應用的場景和方式不斷變豐富。網上支付提供了滿足資金流通需求的基本服務。隨著移動互聯網技術的發展和應用水平的提升，掃碼支付、刷卡支付、信用卡還款、生活繳費、紅包等應用場景應運而生；基於生物認證技術的發展，網絡支付領域出現指紋識別支付和人臉識別支付等應用方式。應用場景和方式的豐富順應了網絡支付平臺化發展思路，促進了網上支付商業模式和變現途徑的創新。

資金流量的富集推動網絡支付企業拓展金融服務。隨著網絡支付工具中資金量級的攀升，網絡支付企業不斷探索，突破「交易手續費+沉澱資金利息」的盈利模式，創新消費金融產品，推出供應鏈金融、網絡銀行、P2P貸款、網絡信用卡等服務。這些產品和服務一方面切入消費者生活，解決資金流入、流出、增值問題；另一方面利用互聯網眾籌理念幫助小微企業融資貸款解決貿易問題。在此基礎上，網絡支付企業在平臺上形成了資金循環增值流動閉環。

數據資源和挖掘技術助力網上支付企業建立徵信機制。對個人而言，網絡支付行為與個人信用評價的關係最為密切。隨

著網絡支付平臺業務架構的不斷完善、用戶數據的海量存儲，以及數據挖掘技術的逐漸成熟，網上支付企業具備了個人徵信業務的基本資質。在國家放開企業構建徵信業務的權限後，芝麻信用、騰訊徵信等8家機構獲批開展個人徵信業務。未來，阿里基於支付鏈、騰訊基於用戶關係的個人徵信系統，聯合人民銀行等其他徵信機構的基礎數據將在行業內形成廣泛、全面、完善的個人信用評價體系。

互聯網理財產品使用率在2015年進入平臺期的原因主要有以下兩點。首先，理財市場整體環境變化顯著，股市暴漲使得股票成為網民投資理財的焦點，對互聯網理財市場用戶起到較大分流作用。2015年上半年，網上炒股或炒基金的用戶規模增加了1,809萬人，其中年齡在30歲及以下用戶占到41.8%，股市對於低齡理財者群體產生較強吸引力，而低齡、低淨值投資群體恰是互聯網理財用戶的核心用戶群。其次，受寬鬆貨幣政策影響，貨幣基金的收益率持續下跌，當前市場主流產品收益率跌破4%，「寶寶」類產品自身對投資者的吸引力有所減弱。

從趨勢分析，互聯網理財產品向多元化轉變。2015年，各互聯網金融公司在眾多理財領域與生態夥伴展開積極合作，互聯網理財市場產品已由初期貨幣基金包打天下轉變為貨幣基金為主，債券型、指數型基金和P2P模式的借款產品快速成長的新格局。雖然貨幣基金已進入低收益率水平時代，但其高流動性和相比儲蓄的利息優勢依舊存在，且客戶端產品與眾多生活消費場景天然對接，依然具有很高的投資配置價值。受過初期互聯網理財啟蒙的投資者尋求更高收益理財產品的需求日增，債券型、指數型基金等高收益理財產品為網民投資提供了更多選擇，並有望帶動互聯網理財市場的第二輪增長。

移動互聯網已經成為影響中國經濟社會發展，改變人民生活形態的關鍵行業。在移動互聯網科學技術的高速發展的促進

下，移動電子商務的應用已經逐漸地融入各個行業。電子商務作為現代服務業中的重要產業，有「朝陽產業、綠色產業」之稱，具有「三高」「三新」的特點。「三高」即高人力資本含量、高技術含量和高附加價值；「三新」是指新技術、新業態、新方式。人流、物流、資金流、信息流「四流合一」是對電子商務核心價值鏈的概括。電子商務產業具有市場全球化、交易連續化、成本低廉化、資源集約化等優勢。就以上看來，從中國的基本國情出發，認識電子商務的優勢以及其在中國的發展現狀和發展路徑就顯得尤為重要。

2.3 農村電子商務信息基礎設施建設現狀

中國是一個農業大國，但是農業經濟發展遠遠落後於城市經濟發展。農業生產經營時至今日依然停留在最原始的模式下，農民進行農業生產大多數時候僅是為了滿足自需，對農業信息獲取的意識淡薄，農業生產嚴重落後，農業市場信息嚴重匱乏等使得農業生產活動無法為農民帶來經濟效益。

2.3.1 農村電子商務信息技術應用現狀——以重慶某區縣為例

重慶某區縣設有若干個鄉鎮、街辦。某區縣農業局下設信息中心，開發區農業局都設有專門信息部門，各鄉鎮、街辦設有農技站。鄉鎮建立信息服務站，為每個鄉鎮配置品牌電腦一臺和打印機一臺。鄉鎮信息服務站建立後，承擔著本地區信息服務工作。鄉鎮信息服務站均設在鄉鎮農技站（鄉鎮農業服務站）。同時，以村組幹部、農村經紀人、產業化龍頭企業、仲介組織和經營大戶等為重點，通過培訓考核和資格認證，建立農村信息員隊伍，及時收集、傳播信息，發揮好政府與廣大

農民之間的信息「二傳手」作用。雖然如此，農業信息服務「最後一公里」問題依然存在，個體農戶大多數都不知道有這樣一個信息服務站，信息雖然從政府傳達到了各個鄉鎮，但顯然沒有進入每個農民耳朵裡。在家務農的多是老人和婦女，因為文化素質普遍偏低的原因，大多數農民特別是中老年和婦女對信息獲取意識薄弱，對是否能夠掌握和運用現代信息技術缺乏信心。

農業局接入計算機局域網，並接入寬帶互聯網，使用重慶市農業局統一開發的「重慶市農業局信息管理系統區縣版（辦公自動化）」，實現資源共享、信息交流。

該區縣農業信息網是由原某區縣農業信息網和某區縣農業網合併而成的一個綜合性農業網站。網站設置了熱點新聞、推廣動態、專家論壇、政務信息、勞務開發等欄目。信息中心配備專門人員時時更新，使網站保持活躍狀態。

該區縣還開展農作物病蟲可視化預報。購置了攝像機、數碼像機、非線性編輯卡、高配置電腦、雙監視器等全套視頻編輯硬件設備，開展了農作物病蟲害的可視化預報工作，節目安排在該區縣區新聞節目之後天氣預報之前的黃金時間播出，在農村收視率高達87%。積極發展農業產業化龍頭企業、農產品批發市場、仲介組織、經紀人和種養經營大戶加入全國農業信息聯播「一站通」，鼓勵他們利用「一站通」開展信息服務。建立農產品市場價格採集點，為農民提供市場信息服務。開展「兩網工作」，目前已有「農網廣播」註冊用戶3,100戶，「移動農網」定制用戶10,000餘戶。

此外，該區縣利用各種會議，宣傳農業法規、農業政策、市場信息和科技信息。以下是最常見的一種方式：黑板報設置專欄，發布新信息；通過鄉鎮廣播、閉路電視宣傳新信息；現場示範；開展諮詢；通過互聯網，「一站通」「兩網」獲取和發布新信息；印發技術資料，開展農技培訓等。

由於該區縣個體農戶大多數都不知道有信息服務站的存在，信息雖然從政府傳達到了各個鄉鎮，但並沒有進入每個農民耳朵裡。在家務農的多是老人和婦女，因為文化素質普遍偏低的原因，大多數農民特別是中老年和婦女對信息獲取意識薄弱，對是否能夠掌握和運用現代信息技術缺乏信心。基層農民獲得信息的主要手段是口耳相授。某區縣農民對農作物的種植信息大多源於祖輩經驗或者周圍鄰居的口耳相傳；對於市場信息的獲取大多都僅限於周邊市場，且沒有系統的來源，多來自農民自己的親身體驗。同時某區縣農民居住地分散，農民文化素質低下等原因導致農民也從不閱讀報刊、書籍，對於農業的即時新聞政策的瞭解大多來自電視裡面的新聞聯播，且這種獲取方式也不是主動的，隨意性很強。對於政府需要貫徹的政策信息的來源，也大多是從政府人員口中獲得，一傳十、十傳百；有時候各鄉鎮政府也會組織會議向農民宣傳最新政策或者新的科技信息；或者在鄉政府裡辦板報，但通常情況板報內容農民幾乎是不會注意到。總之，某區縣的農民獲得信息的渠道大多是周邊農民的口耳相授和自身的親身體驗，極少時候是通過電視報刊等傳媒，而通過互聯網獲得信息的情況是少之又少。

2.3.2 農村電子商務信息化建設需求分析

推進農村信息化建設需要經歷一個長期的發展過程，要根據某區縣農業信息服務的現狀以及農村經濟水平、人口素質、基礎設施等方面考慮，全面推進農村信息服務的進展來推動某區縣農村經濟的發展。現今社會是市場主義社會，信息尤顯重要，信息服務推動著各行各業的發展，農村經濟的發展也離不開信息服務。

信息技術是當今發展最快、最為活躍的領域。許多地區都把信息技術作為當前扶持和投資的重點，在信息網絡建設和硬

件設備上投入了大量的經費，信息基礎設施越來越完備，為信息的高效傳播奠定了良好的物理基礎。同時，各地也紛紛建立起自己的農業信息服務系統。

某區縣的農業生產主要涉及農、林、副，也有少數涉及牧、漁，因此表現出對信息內容的針對性及實用性的要求，而農產品的季節性生產反應出他們對信息實效性的要求。該區縣農民文化素質普遍較低，農民個人意識、接受能力以及地域差別和社會分工差異性等都呈現出信息內容的多樣性特徵。基於這些特徵，該區縣農業信息服務可根據各鄉鎮特點建立以政府為首、農戶為主要服務對象，以農產品市場信息、農作物、農副產品為主提供信息，形成一條主線然後多元化的信息服務模式。

政府的主要工作就是和企業、科研機構等合作提高農業信息服務的質量，以改變某區縣以前信息服務面窄、內容少的局面，並提高、加強農民對信息需求的意識，為農業運作農業產前、產中、產後的多元信息。這些信息應具有以下六個方面：

（1）農業資源、環境信息，包括農作物的種植以及產量、當地氣候、土壤質量、水以及種子等資源相關信息。

（2）農業科學技術信息，如農業新技術、新設備、新工藝等信息。

（3）農業生產經營信息，如國內農業發展趨勢、新的農業生產經營組織信息等，讓農民時刻瞭解國內農業動向。

（4）農業市場信息。當今社會是市場經濟時代，一切以市場需求為導向，農業發展亦不例外，因此應時刻關注農產品品種、價格定向及市場行情等方面信息。

（5）農業管理服務信息，如新的農業管理模式、服務方式以及新的服務理念，時刻注意農民的意識變化，避免農民意識停留在過去幾十年的傳統意識裡。

（6）農業教育及政策法規信息等，通過這些信息提高農

民各方面素質，讓農戶隨時瞭解國家及地方政策。

　　根據農業信息需求的特點和某區縣可利用的信息技術，以及某區縣農業信息服務現狀不難看出，某區縣農業信息服務急需要建立一個完整的農業信息服務系統，而這個系統應該是「三電合一」的一個服務系統，既電視、電話、電腦合一。

　　農民信息需求處於一個動態變化的過程中，隨著季節、地域變化，具有不同的信息需求，而且往往具有時效性，因此某區縣農業信息服務就需要建立一個能夠及時互動的信息需求反饋體系，來適應其變化需求。某區縣農村大多是分散的個體種植戶，對於農民來說，經過世代的實踐，常規的技術知識已經掌握，但是這些技術知識也僅限於普通農作物，一旦農民想嘗試種植新的農作物，那麼相關的問題如選擇種子和種植過程的技術注意事項等就需要相關的技術人員來解決，對於技術人員解決不了的問題則希望能夠得到專家的指導。而到達收穫季節時，農民此時最關心的是市場信息。

2.3.3　農村電子商務信息技術應用面臨的障礙——以重慶某區縣為例

　　雖然該區縣農業信息服務的方式很多元化，但是農業信息服務「最後一公里」（1公里＝1千米）問題依然存在，個體農戶大多數都不知道自己所屬的鄉鎮農業信息服務站的存在，也不知道「農業信息網」這個網站的存在，有關農業的信息雖然從政府傳達到了各個鄉鎮，但顯然沒有進入每個農民耳朵裡。某區縣農業信息服務還面臨著重重阻礙，這些阻礙主要表現在以下幾個方面：

　　該區縣由於經濟條件的制約，地方政府對農業信息基礎設施建設的投資力度以及政策方面的支持力度不夠。某區縣區農業信息體系建設經費幾乎全部依靠重慶市農業局的項目資金和本局自籌經費解決，雖然全部鄉鎮都已配置計算機，但普遍存

在設備簡陋、配套設備不足、正版應用軟件缺乏、運行經費不足的問題，限制了信息資源的深度開發、信息服務的廣泛開展和技術設備的充分利用，遠不能滿足我區農業經濟發展的需求。

農業信息化離不開計算機、數碼相機等先進設備，而這些設備更新換代的速度十分迅猛。由於缺乏資金支持，農業信息體系基礎設施逐漸老化，已逐漸不能適應信息化的需求。

該區縣共有行政村 448 個，農業戶 36.8 萬戶，村一級農業信息平臺沒有建立起來，絕大多數的村和涉農中小企業缺乏網絡溝通手段和終端設備，還與互聯網無緣，缺乏現代化溝通手段。困擾農業信息進村入戶的「最後 1 公里」問題仍然是目前我區信息化發展的巨大瓶頸，信息傳輸在鄉鎮和村級之間面臨著「信息屏障」。

目前，我區農業信息服務網絡向基層網絡延伸才剛剛起步，從事信息工作人員的數量、結構和整體素質都還不能適應推進信息化的要求，大量信息資源僅停留在低水平開發狀態，特別是基層信息服務人員對計算機網絡等現代信息技術的應用水平普遍較低。

在農村勞動力中，還存在不少文盲和半文盲，在家務農的又多是老人和婦女，這使得很大部分農民對信息，尤其是對網上銷售發布信息表現出漠然和無知，受文化素質及傳統觀念的影響，農民還不善於利用現代通信網加快農產品信息發布、搜集農產品市場需求信息等。

2.3.4 應用電子信息技術手段促進農村電子商務及其經濟發展

信息資源只有通過傳播才能發揮其服務於農業、農村、農民，及使農業增效、農民增收的作用。依託已有的信息網絡設施，建立基於農村三網（計算機網、電話網、電視網）一體化

的信息傳播體系，實施信息進村入戶工程，直接向農村、農民提供科技信息、政策信息和市場信息，這具有重要意義[5]。

隨著某區縣新農村建設的進一步完善，以及現在有線電視網絡和有線電話網絡的普及特別是移動電話的高使用率，隨著經濟發展，農民生活水平會提高，計算機價格會下降，計算機在農村的普及也將是不遠的現實。農業信息「三電合一」進村入戶模式在重慶某區縣實現是指日可待的。農業信息「三電合一」進村入戶模式是指通過電話、電視、計算機三種方式，將農業相關的信息傳播到千家萬戶，使得農民在足不出戶的情況下就可瞭解到他們所需要的農業信息[6]。

建立以有線電視網絡傳輸為主，其他網絡傳輸為輔的寬帶網絡傳輸平臺，及遍布全某區縣區廣大農村的信息服務接收站點，使圖、文、影、音、象等多媒體信息可以在有線電視網絡上暢通無阻，做到信息無障礙共享。在這點上，某區縣政府特別是農業相關部門和招商部門可與本地電視臺合作，開創一個屬於農民的電視頻道。在這個頻道裡，利用農業遠程信息服務實現農業信息傳播和技術推廣，使農民在本地接收教室即可達到或接近面授的效果，學習最新的農業實用技術，同時瞭解最新的市場動向和國家地方的農業政策；也可以邀請專家或者根據農時安排遠程現場直播授課，使農民能及時將所學技術用於生產；通過先進的通訊設備，使不同地點的學員與專家之間實現無障礙交流，進行講授、提問、答疑和討論；學員可根據自己生產需要，隨時隨地運用現有的通訊方式點播課程。

數字電視系統是一個從電視信號的採集、記錄、處理、存儲、播出、傳輸、接收，整個過程都經過數字技術處理的系統。電視是農民樂於採取的一種獲取生產、技術、市場信息的載體。2015年中國將關閉模擬電視，在全國範圍內普及數字電視。數字電視與農村信息服務相結合，農民可以在家裡就接受培訓，學習與獲取技術信息、國家及地方農業政策，瞭解國

內農業發展趨勢等，而不受到時間、空間的限制。信息內容以多媒體為主，易於農民學習運用，並且設備簡單，只需要在電視上安裝一個機頂盒，農民投資小、易於實現、操作簡單，與電視機一樣對於某區縣農民科學技術素質低的現狀具有改善作用。同時系統是雙向互動的，可以及時反饋農民信息需求動向。

　　電視網絡的運用在遼寧省是有先例的。遼寧省設置了一個農業頻道，在這個電視頻道裡，政府和電視臺可以根據某區縣農時靈活播放節目，如春耕時期可以組織專家團隊開展從選種到種植的系列科技電視講座，開闢電視欄目熱線解答農民疑惑，同時可以根據熱線訪問的記錄找出典型問題集中解決；在收穫季節特別是水果收穫季節前後也可以在頻道傳遞市場信息，對此可以專門制定農業新聞節，可以一週一播也可以一天一播。同時可以制定一檔欄目用來講述農民自主經營創業的故事啓發鼓勵農民創業而不是一味地停留在過去的滿足自需的模式裡。同時應意識到，隨著新農村的建設完善和計算機普及的趨勢，可以在欄目裡適當地宣傳某區縣農業信息網這個網站，讓該網站為廣大農民所熟知，對此可以開始電視講堂培訓普及農民的計算機基礎知識。

　　基於農村電話普及率較高的現有優勢，推出面向農村電話用戶的信息諮詢服務系統——語音互動服務系統，為眾多沒有上網條件的農民電話用戶構建一座信息交流的橋樑，實現「聽網」的功能，讓農民用戶通過電話獲得動態信息諮詢服務，解決信息渠道不暢和信息獲取手段受限的問題。語音互動服務系統將為農村信息服務提供更加便利的途徑，使農民通過普通電話即可獲取豐富的農業實用信息和市場信息，從而達到信息富農，促進農民增收的目標。

　　重慶這方面的主要運用是向農村地區提供移動話音業務、數據業務，並推出「農信通」業務品牌，為新農村建設提供

完善的移動信息化支撐。與此同時，利用中國移動農村信息機，不僅可以方便地查閱農村信息網的信息，行政村還可以利用信息機將信息直接發布到廣大村民的手機上；通過農村信息機連通廣播，可以用手機隨時遠程進行廣播，方便了基層政府政務管理。將低廉的農村信息機作為終端，充分利用了移動網絡覆蓋優勢，低成本地解決了農村基層信息落地的難題。中國移動通信農村信息網是中國移動農村信息化的重要業務支撐平臺，是中國移動為「三農」服務的首要入口。

隨著某區縣新農村的建設和完善，農民居住集中，減少了寬帶入戶的成本，農民運用計算機上網也即將成為現實。雖然如此，某區縣農民文化科技素質低這一現實問題也是不能忽視的。在計算機和互聯網在某區縣農村普及之前，政府和相關部門應該重視這個問題，同時注意加強農民獲取農業信息的積極性和提高農民對信息需求的意識。

通過辦培訓班和數字電視視頻培訓的方式對農民普及計算機和網絡技術。由於某區縣農業信息服務站配有計算機，加上鄉鎮信息服務站年輕人多，絕大多數鄉鎮信息服務站人員對信息的收集傳遞有濃厚的興趣和很高的積極性。因此可以在鄉鎮信息服務站舉行定期的計算機和網絡技術的基礎知識培訓。由政府出面組織，分批邀請本鄉鎮的村民聽課，並對學習成績優異的村民進行表彰，加強農民學習的積極性。

通過專家系統對各鄉鎮信息服務站下發農情、病蟲情報、農產品價格行情等制度性報表，經常下發不定期的調查提綱，實行考核，迫使鄉鎮政府加快對辦公網絡和計算機軟件的熟悉速度。加強各鄉鎮信息服務站的網上交流，取長補短，推動各鄉鎮信息服務站信息服務工作。

通過與農業加工企業合作以及同外省資源對接合作將市場的需求供應信息如農產品的市場價格、需求量，農作物加工產品的價格、需求量以及最新的市場動向，國內外農業發展方

向，國家地方的農業政策發布到「某區縣農業信息網」網站上。同時可以在計算機未高度普及之前，在鄉鎮信息服務站或者農村實際安裝觸摸屏查詢機如通訊營業廳門口等地並讓互聯網與觸摸屏查詢系統連接。觸摸屏操作簡單、反應快，簡化了計算機的使用，消除了農民使用者與計算機之間的障礙。

建立以政府為主和專家、農業加工企業為輔的合作機制，以市場為導向，綜合利用互聯網、有線電視、有線電話網絡、移動電話網絡以及即將普及的數字電視為農民提供農業信息服務。

對於農業生產中的技術問題的解決，農民通常願意與專家面對面的交流。針對這一塊，地方電視臺也可以設專門的節目，同時開通熱線和短信留言，在網上同步直播，並且讓每一期節目在以後都可以在某區縣局域網內查到。節目開通熱線電話，農民遇到問題可以隨時和專家組聯繫以解決問題，在節目期間還可以和專家通過電視和網絡視頻面對面地交流解決問題。同時根據熱線電話和短信系統的記錄，可以對農民的問題進行分析歸類，針對典型的問題可以派遣專家組到實地進行現場培訓講解。當然這一切最開始是政府出面組織的，因為某區縣農民自主獲取信息意識薄弱，同時也不知道以何種方式去獲取自己需要的信息。政府出面組織的能讓農民相信認可也易於接受。政府在解決農業信息服務「最後一公里」的問題時，一開始需要扮演一個教師角色把信息引入並灌輸給農民，逐步提高農民自己主動獲取農業相關信息的積極性。當整個信息服務模式成熟後，政府就需要規範服務過程，由一個倡導者轉變成一個服務者。

農民的市場意識薄弱，市場信息極度匱乏，獲取市場信息的渠道有限，這需要某區縣政府和各農業加工商家合作，鼓勵農民多種植經濟作物，同時通過電視、短信、網絡等渠道為農民提供市場需求信息，為商家提供本地農作物供應信息。可以

把信息服務站的觸摸屏系統與某區縣農業信息網連接，鼓勵信息服務站的工作人員向周邊農民宣傳最新市場信息，在地方電視臺的農業新聞節目裡即時播報市場信息，發布供求信息，同時可以開通熱線電話和短信平臺供農民諮詢。

該區縣農民通常對國家、地方的農業政策不甚瞭解，也從不主動瞭解，大多數農民認為自己只需要安分守己地過自己的生活，不做違法的事情就好，瞭解國家、地方農業政策對他們來說沒有必要。針對農民的這種心態，政府有必要強制農民接收、瞭解相關信息，不過通過互聯網、電視平臺傳遞信息的效果可能不是很好，可以通過短信平臺向農民播報最新政策和農業動態，同時讓鄉鎮信息服務站的工作人員以會議的形式傳達給農民。

現代社會是知識經濟時代，對信息的掌握至關重要，重慶該區縣農業經濟的發展也必須依靠信息，但是基於目前該區縣農民的文化素質低和信息意識薄弱的現狀，重慶該區縣政府應該帶領農民主動地去瞭解、學習、運用現代信息技術獲取自己需要的農業信息。同時該區縣政府應該建立一個完整的能把信息傳入每一個農民耳朵裡的信息服務模式，促進農村電子商務及農業經濟的發展。

2.4 中國電子商務存在的問題

電子商務在中國的壯大並不只是表現在電子商務市場交易額的擴大以及從業人員的擴張，也體現在由電子商務所帶動起來的其他行業的快速發展。雖然中國的電子商務總量上在逐年增長，然而其發展卻存在典型的地域不平衡性，東南沿海屬於較發達地區，北部和中部屬於快速發展地區，而西部則相對落後，並且關於電商的投訴也始終沒有停息。

2.4.1 電子商務安全與立法問題

電子商務的安全問題已經成為困擾國家、各企業以及電子商務用戶的重大問題，是影響電子商務發展的主要因素之一。由於互聯網的迅速流行，電子商務引起了人們廣泛的注意，被公認為是未來 IT（互聯網技術）最有潛力的增長點，然而，這一增長點在很多人心裡卻成為了獲取不法收益的工具，大多數用戶不願參與電商交易的主要原因就是擔心遭遇黑客的侵襲而導致不必要的損失。此外，2012 年，當當網、1 號店、亞馬遜中國、國美在線、易迅網、庫巴網等多家電商網站，先後遭遇「盜號門」，被曝用戶帳戶信息洩露、帳戶資金被盜用。其中當當網在半年內就遭遇了三次信息被盜事件，1 號店網上商城員工與離職、外部人員內外勾結，叫賣用戶信息，造成部分客戶信息洩露。此外，窩窩團、拉手網、糯米網等多家團購網站也被爆出用戶帳戶資金被盜用。個人用戶信息安全、財產安全問題再次成為大家關注的焦點，網絡信息安全立法的必要性和緊迫性再次凸顯。電子商務的運行和發展離不開法律、法規的保障，中國政府相關部門雖然制定了一些規範電子商務的法律和規章制度，但是由於中國電子商務起步晚，發展還不成熟，一些問題的處理辦法在法律上還是空白，一些法律、法規還不健全，因此政府應當健全法律、法規，為電子商務的發展創造良好的市場環境。

2.4.2 電子商務的徵稅問題

由於目前社會對電子商務徵稅缺乏認同，加上中國信息化水平較低，電子商務的交易活動是在沒有固定場所的國際信息網絡環境下進行，對電子商務的稅收監管難度大、成本高，因此，在現行的稅收體系下無法實現有效徵稅。此外，電子商務在解決就業等方面能發揮重要作用，對其徵稅會抑制人們利用

網絡創業的熱情，不利於電子商務的發展。所以，建立一個既促進電子商務健康發展，又確保稅收主權和公民利益實現的稅收徵管新秩序，成為中國稅收實踐中亟待解決的一個重大課題。

2.4.3　電子商務應用地域差距大

據中國電子商務研究中心監測數據顯示，目前國內電子商務服務企業主要分佈在長三角、珠三角一帶以及北京、上海等經濟較為發達的省市。在企業區域的分佈上，排在前十的省份（含直轄市）分別為：浙江省、廣東省、上海市、北京市、江蘇省、山東省、四川省、河北省、河南省、福建省。目前，國內電子商務企業分佈主要還是集中在長三角、珠三角地區。電子商務作為新經濟，企業的發展跟地方經濟密切相關，這在區域分佈上體現明顯。北京市、上海市、浙江省、廣東省等沿海地區由於經濟發達，人們接受新事物的能力較強，為電子商務的發展奠定了良好基礎。但是，其他地區的電商市場發展不夠，其地區經濟明顯沒有被較具發展潛力的電子商務產業帶動起來，所以縮小地區差距，使電子商務產業在地區間發展平衡也是亟待解決的問題。

2.4.4　電子商務的人才匱乏

隨著國家政策對電子商務的升溫，未來5年，中國3,000多萬家中小企業將有半數企業嘗試發展電子商務，電子商務的人才需求更加趨緊。電子商務需要的人才既要求掌握計算機網絡技術，又要求懂得運用商品交易理論，尤其是做商品外貿出口的電子商務網站和公司，需要英語能力很強的人才。雖然中國現在各大高校開設了電子商務相關專業，培養了不少的電子商務人才，但畢竟電子商務在中國起步比較晚，培養的人才滿足不了日益擴大的電子商務市場。專業人才的缺乏會阻礙中國

電子商務的發展和運行，因此，中國應該加大對技術人才的培養。

中國電子商務行業人才稀缺，主要表現有以下四個特徵：一是行業急速擴張，人才缺口巨大；二是電商人才稀缺，流動性大；三是電商企業人力資源成本高；四是企業人力資源管理難度增大。

參考文獻

［1］佚名.第36次中國互聯網絡發展狀況統計報告.［EB/OL］.［2015－07－22］http：//www.cnnic.net.cn/hlwfzyj/hlwxzbg/.

［2］曹玫.電子商務與立法［J］.電子商務世界，2003.

［3］唐毅.中國電子商務環境下的稅收流失問題［J］.中國電子商務，2011.

［4］中國電子商務研究中心.2012中國電子商務人才狀況報告［R］.杭州：中國電子商務研究中心，2012.

［5］趙敏.河北省金融服務業發展路徑研究［D］.石家莊：河北經貿大學，2011.

［6］司增綽.中國流通產業的關聯效應與發展路徑研究——以批發和零售業為例［J］.山東財經大學學報，2013，125（3）.

［7］張哲.基於食物網理論的交通運輸業發展力研究［J］.公路交通科技，2011，28（6）.

［8］陳玲.現代商貿業的產業先導作用及創新發展路徑［J］.城市問題，2010（10）.

［9］韓順法.文化產業對相關產業的帶動效應研究［J］.商業經濟與管理，2012，249（7）.

［10］張強，王嬌陽.移動電子商務的現狀及發展趨勢［J］.中國電子商務，2012（18）.

第 3 章

電子商務交易商家與商家之間收益的多維博弈

電子商務的迅速發展使得越來越多的企業開始涉足該領域，市場變得愈發激烈，電子商務平臺上的賣家絕大多數可以看作小型商業組織，而銷售同類產品的商家之間存在著「單點競爭」和「多點競爭」，賣家之間的銷售策略以及相互的博弈也愈發激烈。基於上述環境，本書在此基礎上引進了多維博弈來研究電子商務環境下多個商家之間的博弈分析。目前，在博弈理論中所涉及的基本都是「一維」博弈。每個企業選擇某一種產品價格策略時不僅要考慮對手所選擇的同類產品價格策略，而且也要考慮自己和對手在其他產品上的價格策略，即應該考慮如何選擇一個最優的價格向量（成為策略向量）來最大化本企業整體利潤。面對互聯網環境，波特曾指出，雖然互聯網降低了溝通、信息收集和交易成本，但決定產業吸引力的仍然是傳統的五種競爭力量。因此，本書分析電子商務賣家面臨的競爭環境，即電子商務產業的發展環境，並在此基礎上，引進多維博弈論。在激烈的市場競爭中，除了價格策略，每一個企業的其他任何策略都可能影響到其他企業的需求狀況，企業為獲得更大的經濟效益，往往需要從多個方面同時與

其他企業進行博弈，所以分析在電子商務環境下多個商家之間在價格、交易服務投入、廣告投入等方面進行的多維博弈，研究在其狀態下的納什均衡，對電子商務賣家之間的競爭與合作具有一定的意義。

3.1　文獻綜述

　　對於中國電子商務產業發展環境，國內外學者做了一些相關研究，主要有以下內容。於永達等通過對電子商務的生產要素、產業支撐、政策管理以及市場需求等應用環境的發育度、平衡度和協調度的分析，指出當前中國電子商務產業應用環境的特點是：電子商務發展仍然依靠需求拉動，而政策支持、生產要素和產業支撐相對滯後。唐雲錦認為影響電子商務產業發展的主要環境因素是網絡基礎設施、配套的法律環境、安全的電子商務應用環境、完善的物流配送體系和人才環境等五個方面，這五個方面是電子商務產業發展所面臨的主要環境因素，是電子商務健康、快速發展的關鍵之所在。Edwards 等通過瞭解本國之前一系列有可能影響電子商務發展環境可持續的因素，確定了兩點重要的因素來維持電子商務產業環境的可持續，即：一是現有的信息通信技術基礎設施；二是勞動力教育。

　　針對電子商務環境下的商家之間的競爭博弈研究，國內學者主要從如下方面做了相關研究。Grover 等認為隨著電子商務的到來，商業環境正發生著急遽的變化，迫使企業從價格競爭策略轉向其他的策略，因此企業之間的博弈問題日益受到關注，企業主們必須構想出新的壟斷權力以獲得更多的消費者剩餘，他們提到了 4 點博弈戰略：①版本控制戰略；②混雜策略；③網絡效應戰略；④定價策略。Pedro M. Reyes 以 Shapely

法與合作博弈的理論方法來解決電子商務中的供應鏈與賣家的中轉問題，他在一個三人游戲的非合作環境中以一個具體的數值例子做了具體分析，他研究的主要貢獻是建立聯盟，以提供一個更加穩定和和諧的解決方案匯總。譚德慶在其論文中首先研究了完全信息靜態多維博弈和完全信息動態多維博弈、雙寡頭Cournot靜態二維博弈模型、雙寡頭Bertrand靜態二維博弈模型、兩個靜態三維博弈模型、產品廣告、產品服務投入和價格選擇的靜態三維博弈模型、雙寡頭Cournot動態二維博弈模型等，對多維博弈在經濟活動中的具體應用進行了詳細的研究，為多維博弈以後的相關研究提供了重要的參考。薛有志等基於C2C模式的電子商務環境分析了賣家面對的競爭環境，指出他們面臨著兩種形式的競爭，然後他提出了C2C電子商務賣家可以採取的五種具體戰略，即產品優選戰略、聚類戰略、成本領先戰略、信譽領先戰略和集中一點——單品制勝戰略，並研究了這五種戰略能夠給C2C賣家帶來的優勢；他以淘寶網為例作了實證分析，為以後的研究提供了參考。李衛寧等將波特的行業競爭結構模型應用於分析電子商務時代企業的競爭結構，企業必須從價值創造和核心專長上建立自己的長期優勢，他們為電子商務行業的競爭戰略選擇提供了新思路。滕佳東等分析了電子商務的特點和競爭優勢，指出了電子商務將對企業造成五個方面的影響和變革，以及為了提高企業競爭力發展電子商務的策略，其中提到了電子商務環境下企業之間的競爭方式的改變；電子商務改變上下游企業之間的成本結構，使上游企業或下游企業改變供銷合同的機會成本提高，從而進一步密切了上下游企業之間的戰略聯盟。張正春等利用Lotka-Volterra模型對電子商務環境下的網站商家競爭進行了數量分析，分析結果表明對於三個實力相同的電子商務網站，在他們競爭時，競爭的最終結果與競爭強度和初始用戶量有關。魯瑛在C2C電子商務的環境下以淘寶網為例分析了其競爭策略，

主要是高度差異化的產品、良好的生態鏈、成熟的營運體系。李豔會等構建了電子商務網站競爭模型，然後利用常微分方程的知識對二維的特殊情形進行了定性分析和仿真，並用數值仿真分析了模型中的有關參數對系統的作用，然後針對分析結果討論了影響網站發展的主導因素，但作者只討論了兩個商家進行博弈的數學模型，而對多個網站競爭下的模型沒有涉及。於忠華等運用博弈方法對電子商務交易中買賣雙方的誠實行為，從一次性交易和重複交易兩個角度做了詳細的分析，建立了電子商務交易監管模型。邢偉等研究了 B2B 電子市場環境下一個供應商和一個零售商組成的供應鏈，並對二者在交易過程中的博弈進行了分析，給出了供應商和零售商的最優反應策略，分析了 B2B 電子市場價格波動率對二者最優策略的影響。周春林等從電子商務產業發展過程中的信息不對稱現象出發，對商家和消費者的博弈策略進行了研究，得出了兩種博弈條件下的均衡結果，並提出了商家選擇誠信策略的收益大於或等於不誠信的收益的對策建議。苗苗等運用博弈論方法，通過建立完全信息靜態博弈模型以及重複博弈模型，對 C2C 市場上的賣家誠信和賣家的購買選擇策略進行了研究。

目前，網上商店主要有兩種形式：一種是自立門戶型網上商店；另一種是建立在第三方提供的電子商務平臺上由商家自行開展網上銷售業務的個人網店。網店開店的主要策略有：①尋找適合的貨源，降低進貨成本，縮減啟動資金；②合夥經營，共同出資，分工協作；③重視經營細節，積極主動溝通；④學習經驗，總結推廣，積極參加各類促銷活動；⑤面對困難，堅持不懈。鄧平總結了網上開店的幾點策略：①選擇合適的電子商務平臺，一個良好的電子商務平臺應該知名度高、品牌形象好、流量大，有完善的支付和配送體系，穩定的後臺技術、快速周到的顧客服務、完善的檢點功能；②搞好網上商店的推廣，可以利用平臺提供商的推廣，也可以網上商店自行推

廣；③建立良好的信譽，要瞭解網上的信用制度情況，靠誠實經營來提高自己的信用度，獲得用戶的好評。魏明俠認為現代企業電子商務的競爭核心之一就是信用與風險體系是否完善，電子商務信用風險已成為電子商務進一步發展的主要障礙。Dan J. Kim 等建立了一個基於 B2C 平臺的電子商務在線交流多維信用體系模型，此外，提出了技術接受模型，從感知的有用性和感知的易用性來考察用戶對一項新技術的接受程度，技術接受是對電子商務系統內在控制機理的信任。隨著電子商務的逐漸發展，來自消費者的壓力和企業想占領市場的先機的渴望，使企業電子商務競爭愈發激烈，低價策略並不一定能在競爭中獲勝，正確運用定價手段，才能給企業帶來成功。Lu 等研究了電子商務環境下供應商和零售商的定價策略，通過兩種類型的斯坦克伯格定價博弈與納什定價博弈的分析，他們認為零售商喜歡統一定價，而供應商則偏向於在高效率的電子商務渠道下的差別定價，以賺取更多的利潤。李志強借助博弈論、消費者需求彈性分析以及埃奇沃思盒狀圖的分析方法，對企業之間電子商務價格戰進行了分析，並在此基礎之上提出了低成本定價、最高心理價格戰、差別定價等電子商務定價戰略選擇標準和定價方法。唐磊等認為隨著電子商務應用技術的提高，拍賣和動態定價將成為網絡環境下企業定價的趨勢。互聯網提供了一個非常廣闊的虛擬商業環境，在此環境中企業的合作者、競爭者、顧客、供應商之間的關係發生了新的變化，傳統的市場營銷管理強調 4P 組合，即 Product（產品）、Price（價格）、Place（渠道）、Promotion（宣傳）的組合；而面向電子商務的現代市場營銷則強調 4C 組合，即 Customer（顧客）、Cost（成本價值）、Convenience（方便性）、Communication（溝通）的組合。如不對營銷戰略作經常性的調整，任何一家企業都難以獲得持久的競爭優勢。李振華等在姜旭平先生的 4C 營銷策略的基礎上，提出了另外的 3C 策略，形成了 B2C

型電子商務 7C 營銷策略，包括顧客策略、成本價值策略、方便性策略、溝通策略、信用策略、創新策略、核心能力策略，並構建了 7C 營銷組合策略與傳統經典 4P 營銷組合策略的平面整合和立體整合模型[23]。梁唯溪等圍繞產品、價格、分銷渠道和促銷等營銷要素，分析了面向電子商務的企業市場營銷策略與傳統營銷策略的區別與聯繫，給出了具體的電子商務營銷模式，包括其產品策略、價格策略、分銷策略、促銷策略等，並給出了營銷效果評估的指標和方法[24]。

從以上分析可以看出國內學者對於電子商務環境下網上商家的各種經營策略做了比較詳細的研究。國內學者對電子商務環境下的買賣雙方交易的博弈研究主要著眼於交易過程中的誠信行為，建立了相應的交易雙方博弈模型，考慮電子商務環境下同質產品商家之間的博弈的研究還很少見。我們從多維博弈理論出發，結合電子商務網上商家的經營特殊性，在前人研究的基礎上，建立了電子商務環境下的同質產品的多商家的多維博弈模型，對網上商家的策略博弈進行了詳細的分析。

3.2　模型假定

假定條件：

（1）某網上購物商城共有 $n(n \geqslant 2)$ 家銷售不同質量和不同品牌的同種商品的商家，它們所銷售的此類商品全在某一地區進行銷售，並且壟斷了該地區市場；

（2）在完全信息條件下，所有商家同時行動；

（3）任一商家的商品需求量是其廣告投入、相關交易服務投入和其他商家的商品售價的增函數，同時也分別是其商品售價、其他商家廣告投入和相關交易服務投入的減函數；

（4）任一商家分別在商品銷售價格、廣告投入和相關服

務投入上的策略對其他商家商品消費者需求量的影響係數是相同的；

考慮一般情況，不考慮商家的前期投入成本，比如押金、進貨成本和購買模板成本，同時商家 i 銷售商品的邊際成本為常數 $C_i(i=1, 2, \cdots, n)$。

下面就電子商務環境下，網上商家如何選擇廣告、相關交易服務投入和商品售價策略，才能獲得最大化的利潤進行分析。

設商家 $i(i=1, 2, \cdots, n)$ 選擇這種商品的廣告、相關交易服務投入和銷售價格策略向量為，$(a_1, r_1, p_1) \geq 0$，$a_i \in A_i$，$r_i \in R_i$，$p_i \in P_i$，P_i，R_i，A_i 三者分別表示商家的廣告投入、商品售價和有關交易和售後等服務費用的策略空間。假設商家 i 的該商品的消費者需求函數為：

$$Q_i = Q_i\{(a_1, r_1, p_1), (a_2, r_2, p_2), \cdots, (a_i, r_i, p_i), \cdots, (a_n, r_n, p_n)\}$$

$$= G - k_{1i}p_i + \sum_{\substack{j=1 \\ j \neq i}}^{n} k_{2i}p_j + k_{3i}\sqrt{a_i} - \sum_{\substack{j=1 \\ j \neq i}}^{n} k_{4i}\sqrt{a_j} + k_{5i}\sqrt{r_i} - \sum_{\substack{j=1 \\ j \neq i}}^{n} k_{6i}\sqrt{r_j},\ i=1, 2, \cdots, n$$

其中，G 是這一地區該類商品的總需求量，且 $0 < C_i < G$；k_{mt} 表示相應策略下對商家 i 商品的消費者需求量的影響係數，$k_{mt} > 0 (m=1, 2, \cdots, 6; t=1, 2, \cdots, n)$。

因此，商家 i 的收入函數為：

$$I_i = I_i\{(a_1, r_1, p_1), (a_2, r_2, p_2), \cdots, (a_i, r_i, p_i), \cdots, (a_n, r_n, p_n)\}$$

$$= Q_i(p_i - c_i) - a_i - r_i$$

$$= (G - k_{1i}p_i + \sum_{\substack{j=1 \\ j \neq i}}^{n} k_{2i}p_j + k_{3i}\sqrt{a_i} - \sum_{\substack{j=1 \\ j \neq i}}^{n} k_{4i}\sqrt{a_j} + k_{5i}\sqrt{r_i}$$

$$- \sum_{\substack{j=1 \\ j \neq i}}^{n} k_{6i} \sqrt{r_j})(p_i - C_i) - a_i - r_i$$

顯然，上面的收入函數 I_i 連續可導。

由於商家 i 的策略空間 P_i，R_i，A_i 是凸子集，收入函數 I_i 在策略集合 $\{(a_1, r_1, p_1), (a_2, r_2, p_2), \cdots, (a_i, r_i, p_i), \cdots, (a_n, r_n, p_n)\}$ 上是連續的，且當商家 i 的純策略向量 (a_i, r_i, p_i) 為擬凹時，該多維博弈存在一個純策略納什均衡。

3.3 均衡求解

分別對商家的收入函數 I_i 求關於 a_i，r_i，p_i 的一階導數，並令其等於零，即：

$$\frac{\partial I_i}{\partial a_i} = \frac{k_{3i}}{2\sqrt{a_i}}(p_i - C_i) - 1 = 0; \quad \frac{\partial I_i}{\partial r_i} = \frac{k_{5i}}{2\sqrt{r_i}}(p_i - C_i) - 1 = 0$$

$$\frac{\partial I_i}{\partial p_i} = -k_{1i}(p_i - C_i) + G - k_{1i}p_i + \sum_{\substack{j=1 \\ j \neq i}}^{n} k_{2i}p_j + k_{3i}\sqrt{a_i} - \sum_{\substack{j=1 \\ j \neq i}}^{n} k_{4i}\sqrt{a_j}$$

$$+ k_{5i}\sqrt{r_i} - \sum_{\substack{j=1 \\ j \neq i}}^{n} k_{6i}\sqrt{r_j} = 0$$

將上述等式寫成矩陣形式，如下所示：

$$\begin{bmatrix} -1 & 0 & \dfrac{k_{3i}}{2} \\ 0 & -1 & \dfrac{k_{5i}}{2} \\ -k_{3i} & -k_{5i} & 2k_{1i} \end{bmatrix} \begin{bmatrix} \sqrt{a_i} \\ \sqrt{r_i} \\ p_i \end{bmatrix} + \sum_{\substack{j=1 \\ j \neq i}}^{n} \begin{bmatrix} 0 & 0 & 0 \\ 0 & 0 & 0 \\ k_{4j} & k_{6j} & -k_{2j} \end{bmatrix} \begin{bmatrix} \sqrt{a_i} \\ \sqrt{r_i} \\ p_i \end{bmatrix}$$

$$= \begin{bmatrix} \dfrac{k_{3i}C_i}{2} \\ \dfrac{k_{5i}C_i}{2} \\ G + k_{1i}C_i \end{bmatrix} \tag{3-1}$$

令

$$B_i = \begin{bmatrix} -1 & 0 & \dfrac{k_{3i}}{2} \\ 0 & -1 & \dfrac{k_{5i}}{2} \\ -k_{3i} & -k_{5i} & 2k_{1i} \end{bmatrix}, \quad D_i = \begin{bmatrix} 0 & 0 & 0 \\ 0 & 0 & 0 \\ k_{4j} & k_{6j} & -k_{2j} \end{bmatrix},$$

$$E_i = \begin{bmatrix} \dfrac{k_{3i}C_i}{2} \\ \dfrac{k_{5i}C_i}{2} \\ G + k_{1i}C_i \end{bmatrix}, \quad X = \begin{bmatrix} \sqrt{a_i} \\ p_i \\ \sqrt{s_i} \end{bmatrix} (i = 1, 2, \cdots, n),$$

$$E_i = \begin{bmatrix} \dfrac{k_{1i}C_i}{2} \\ \dfrac{k_{5i}C_i}{2} \\ G + k_{3i}C_i \end{bmatrix} (i = 1, 2, \cdots, n)$$

則上式（3-1）可寫成矩陣方程形式：$B_i X_i + \sum\limits_{\substack{j=1 \\ j \neq i}}^{n} D_j X_j = E_i$，$i = 1, 2, \cdots, n$，即可得到關於 $X_1, X_2, \cdots, X_n$ 的矩陣方程組

$$B_1 X_1 + D_2 X_2 + \cdots + D_n X_n = E_1$$
$$D_1 X_1 + B_2 X_2 + \cdots + D_n X_n = E_2$$
$$\vdots$$

$$D_1X_1 + D_2X_2 + \cdots + B_nX_n = E_n \qquad (3-2)$$

方程組（3-2）可以寫成分塊矩陣方程形式：

$$\begin{bmatrix} B_1 & D_2 & \cdots & D_n \\ D_1 & B_2 & \cdots & D_n \\ \vdots & \vdots & \vdots & \vdots \\ D_1 & D_2 & \cdots & B_n \end{bmatrix} \begin{bmatrix} X_1 \\ X_2 \\ \vdots \\ X_n \end{bmatrix} = \begin{bmatrix} E_1 \\ E_2 \\ \vdots \\ E_n \end{bmatrix} \qquad (3-3)$$

若式（3-3）左端第一個分塊矩陣是可逆矩陣，則方程（3-2）有唯一解，計算得到均衡解為：

$$\begin{bmatrix} X_1^* \\ X_2^* \\ \vdots \\ X_n^* \end{bmatrix} = \begin{bmatrix} B_1 & D_2 & \cdots & D_n \\ D_1 & B_2 & \cdots & D_n \\ \vdots & \vdots & \vdots & \vdots \\ D_1 & D_2 & \cdots & B_n \end{bmatrix}^{-1} \begin{bmatrix} E_1 \\ E_2 \\ \vdots \\ E_n \end{bmatrix} \qquad (3-4)$$

只要求出商家 i 的最優解 $X^* = (\sqrt{a_i}, \sqrt{r_i}, p_i)^{*T}$，就能求得 n 個商家在商品廣告、相關交易服務和商品售價選擇上的最優策略 $\{(a_1, r_1, p_1)^{*T}, (a_2, r_2, p_2)^{*T}, \cdots, (a_n, r_n, p_n)^{*T}\} = \{((\sqrt{a_1})^2, (\sqrt{r_1})^2, p_1)^{*T}, ((\sqrt{a_2})^2, (\sqrt{r_2})^2, p_2)^{*T}, \cdots, ((\sqrt{a_n})^2, (\sqrt{r_n})^2, p_n)^{*T}\}$

特殊情況分析：（1）當 n 個商家只進行商品廣告投入和商品價格二維博弈而不進行相關交易服務博弈時，只需在式（3-4）中，令 $k_{5i} = k_{6i} = 0$，即可得到相應的均衡解，其中：

$$B_i = \begin{bmatrix} -1 & 0 & \dfrac{k_{3i}}{2} \\ 0 & -1 & \dfrac{k_{5i}}{2} \\ -k_{3i} & 0 & 2k_{1i} \end{bmatrix}, \quad D_i = \begin{bmatrix} 0 & 0 & 0 \\ 0 & 0 & 0 \\ k_{4j} & 0 & -k_{2j} \end{bmatrix}, \quad E_i =$$

$$\begin{bmatrix} \dfrac{k_{3i}C_i}{2} \end{bmatrix}$$

（2）當 n 個商家只進行相關交易服務投入和商品售價二維博弈而不進行商品廣告投入博弈時，只需在式（3-4）中，令 $k_{3i} = k_{4j} = 0$，即可得到相應的均衡解。

由上述均衡解可以看出，在電子商務環境下，當多家商家經營同種商品時，為了獲得更大的商品利潤而採取廣告、相關交易服務和商品售價策略，商家應該綜合考慮著三方面的策略，選擇最優的策略組合。如在同等條件下，只採取提高廣告投入和相關交易服務優化投入，而對商品售價不作調整；或者，只進行相關交易服務投入和商品定價兩方面的博弈，而不進行廣告投入博弈。各商家只有這樣才能在電子商務的競爭中獲得最大化利潤。

3.4　小結

電子商務環境下的商家之間競爭已經比傳統的競爭模式變得更加多元化和動態化。電子商務環境下，網上商家的經營模式趨於多樣化，店家之間的競爭，尤其是同質商品店家之間的競爭越來越激烈，在滿足消費者的性價比期望值的同時，如何協調各方面的投入成為贏得這場競爭的關鍵。在分析中國電子商務產業發展環境的基礎上，本章從多維博弈理論出發，針對電子商務環境下的多個同質商品經營商家的博弈進行了深入分析，主要的策略變量有廣告投入、相關交易服務投入和商品售價，通過求解，得到了多維博弈下的商家博弈的均衡解，亦即商家取得收益最大化的策略組合，為優化電子商務競爭環境，指導網上商家的良性競爭起到促進作用。與此同時，對國內外關於網上商家的開店策略和營銷策略進行了研究分析。面對複雜多變的市場需求，網上商家之間的博弈變得更加靈活，從多維博弈理論出發，設定網上同質產品賣家的博弈策略條件，建

立了電子商務環境下的多商家的多維博弈模型，並進行了均衡求解，對均衡結果進行了初步分析，發現在電子商務環境下，網上商家的博弈策略存在最優的均衡策略，這對於優化中國電子商務環境下的商家博弈和競爭具有一定的指導意義。但是書中假設的情況是在某一網上商城的同質商品賣家的多維博弈情形，並沒有考慮環境和政策等其他外部因素，得出的結果也有一定的局限性。

參考文獻

[1] 於永達，郭沛源. 中國電子商務應用環境研究 [J]. 科學學與科學技術管理，2006，27（6）.

[2] 唐雲錦. 電子商務發展環境淺析 [J]. 商業研究，2003，14.

[3] Edwards J E, Halawi L A. Creating a Sustainable E-commerce Environment [J]. International Journal of Business Research, 2008, 8 (2).

[4] Choi D, Kim J. Why People Continue to Play Online Games: In Search of Critical Design Factors to Increase Customer Loyalty to Online Contents [J]. Cyber Psychology & Behavior, 2004, 7 (1).

[5] Reyes P M. Logistics Networks: A Game Theory Application for Solving the Transshipment Problem [J]. Applied Mathematics and Computation, 2005, 168 (2).

[6] 譚德慶. 多維博弈及應用研究 [D]. 成都：西南交通大學，2004.

[7] 薛有志，郭勇峰. C2C 電子商務賣家的競爭戰略研究：基於淘寶網的分析 [J]. 南開管理評論，2012，15（5）.

[8] 李衛寧，藍海林. 電子商務時代的競爭結構分析 [J]. 山西大學學報：哲學社會科學版，2001，2.

［9］滕佳東，姜春榮．電子商務與企業競爭力［J］．財經問題研究，2000，6．

［10］張正春，趙建東．電子商務網站競爭模型分析及其策略［J］．數學的實踐與認識，2010．

［11］魯瑛．當前C2C交易市場中淘寶網的競爭策略分析［J］．北京化工大學學報：社會科學版，2008，4．

［12］李豔會，朱思銘．一類電子商務網站競爭模型分析［J］．中山大學學報：自然科學版，2003，5．

［13］於忠華，史本山，劉曉紅．電子商務交易中買賣雙方誠實行為的博弈分析［J］．商業研究，2006，7．

［14］邢偉，汪壽陽，馮耕中．B2B電子市場環境下供需雙方博弈分析［J］．系統工程理論與實踐，2008，28（7）．

［15］周春林，鄒麗芳．電子商務交易雙方的博弈模型分析［J］．經濟問題探索，2010，1．

［16］王曉燕．C2C電子商務中的信任問題：一個進化博弈分析模型［J］．商業研究，2005，6．

［17］陳晴光．網上開店贏利的影響因素與成功策略探析［J］．浙江萬里學院學報，2007，20（2）．

［18］魏明俠．電子商務信用風險系統研究［J］．預測，2005，24（5）．

［19］Kim D J, et al. A Multidimensional Trust Formation Model in B-to-C E-commerce：A Conceptual Framework and Content Analyses of Academia/Practitioner Perspectives［J］．Decision Support Systems，2005，40（2）．

［20］Lu Q, Liu N. Pricing Games of Mixed Conventional and E-commerce Distribution Channels［J］．Computers & Industrial Engineering，2012．

［21］李志強．論電子商務的定價戰略［J］．外國經濟與管理，2002，24（10）．

［22］唐磊，趙林度.電子商務中基於客戶偏好的動態定價［J］.東南大學學報，2002（10）.

［23］李振華，王浣塵.B2C 型電子商務的營銷組合策略研究［J］.科學學與科學技術管理，2002，4.

［24］梁唯溪，黎志成.面向電子商務的企業市場營銷策略［J］.科技進步與對策，2002，4.

第 4 章

基於信息構建的電子商務網站建設

　　隨著互聯網的迅速發展,很多企業單位擁有了自己的電子商務網站,經過多年的建設發展和規模的不斷擴大,這些電子商務網站累積了大量的數據。隨之而來的是在電子商務網站上得到有用的數據變得越來越困難。為了提高網站的信息服務質量,建設信息構建型網站勢在必行。捨棄現有的網站,建設全新的基於信息構建(Information Architecture,以下簡稱 IA)思想的網站是個理想的解決方案,但這一方案在經濟上和時間上都耗費不虛。如果能在現有網站的基礎上,運用 IA 理論方法對其進行優化改進,從而改進網站的信息組織結構,提高用戶滿意度和網站信息的可用性,達到 IA 的設計目標,無論在經濟上還是在人力、物力上都是個不錯的選擇。本章主要對現有電子商務網站系統的 IA 改造過程中所需要的相關技術和方法進行探討。

　　信息構建是 19 世紀 70 年代中期興起、90 年代末期得到廣泛推崇和快速發展的一種信息組織和管理的理論。其是組織信息和設計信息環境、信息空間或信息體系結構,以滿足需求者的信息需求、實現他們與信息交互的目標的一門藝術和科

學。它包括調查、分析、設計和執行過程，涉及組織、標示、導航和搜索系統的設計，目的是幫助人們成功地發現和管理信息。

信息構建自90年代末期以來受到了各方矚目，發展勢頭迅猛，甚至其理論的創始者 Richard Surl Wurman 先生對它似乎在一夜之間風靡世界的情形也始料不及。美國信息科學技術協會（ASIST）自2000年以來連續7年召開專門的 IA 峰會，對 IA 的研究從最初的含義理解和探討逐步深入到對 IA 實踐的理論指導，學會還成立專門的 IA 興趣小組，會刊也出版了 IA 專集，對一個專業問題如此的重視，這在學會歷史上也是少有的。

信息構建的興起和普及並不是偶然現象，它與我們這個社會日益惡化的信息環境問題是密切相關的。由於信息處理和傳播能力的不斷加強，信息媒體的日益豐富多彩，信息的泛濫和污染現象無處不在，而社會在提供有用信息的能力上還沒有得到有效的加強。由於人們更多地依賴信息工作和生活，而大量的信息已經超出了人們吸收的能力，人們獲得有用信息的困難增大，社會普遍存在著信息焦慮。

以從事信息構建工作為職業的人自稱信息建築師（Information Architect），很多的人，特別是從事網站設計、網站編輯、網絡開發、軟件開發、信息系統設計、項目管理、網站運行管理和維護的人們都以擁有此頭銜為榮耀。《紐約時報》2001年刊登的一條消息說，沃爾曼先生估計在美國今天有2萬到10萬人在他們的名片上寫著「信息建築師」。此外，不僅在名片上，人們還在信箋上、網絡上以及他們的網頁上紛紛使用信息建築師這個標籤。

信息構建理論對網站信息提供者而言，其要求在於：

（1）保證信息的可理解性。當前應該進一步研究信息的組織方式、展示方式、構成方式，使信息傳遞達到這樣一種要

求：對普通的信息用戶而言，在任何時候、任何地點、任何條件下，信息不僅是能夠得到的，而且是可以和容易理解的。

（2）將信息傳播過程看作是一個未完成的過程。我們必須把傳播信息的過程看作是一個未完成的過程，即如果沒有用戶感知其中的信息、領悟其中的內容、理解和利用其中的信息，信息的傳播過程就沒有完成。用戶是信息傳播過程的主動參與者，不是被動的信息接收者，他們要根據捕捉的信息結合自己頭腦中的知識結構，從信息符號、信息內容和信息結構中生成意義。信息創建者和信息傳遞者不能代替信息接收者的意義生成過程，他們只可以力圖去分析和理解這個過程，並為此過程做好準備，促使這個過程的發生。將信息傳播過程看成是一個未完成或期待完成的過程還意味著：容納信息和傳播信息的信息結構的優劣不僅僅以信息組織的邏輯性和科學性作為評價標準，而要以信息的可用性、易用性、清晰性、可理解性為重要的標準。現代的信息系統是一個期待用戶參與才能實現完美的系統輸出的整體，因此從信息收集、信息加工、信息儲存、信息維護、信息傳輸到信息使用這樣的信息生命週期的全過程中都要重視用戶的要求、用戶的體驗和用戶的感受。

（3）增強創建有用信息的能力。國內外一些學者已經注意到一個事實：即信息技術的發展極大地提高了傳輸原始信號的能力，它使得我們的社會信息傳輸量達到了前所未有的地步。但是，很多人混淆了傳輸信息的能力與建立有益信息的能力之間的界限，以為只要能夠擁有大量的信息便可以使人們做出正確的判斷和決策。目前應該開發的領域是：如何增長見識和增強能力，採取某種方式，促進對所傳遞信息的可感知性和可理解性，將數據轉變為可用的信息，將信息轉變為知識。而構建信息的結構和信息環境，促進信息理解的方式即屬於一種創建有用信息的方式，信息構建結果可以促進用戶對信息的感知，促進信息的深度檢索和廣度檢索能力，促進對不同媒體和

工具的認識和把握。

（4）信息組織不能只滿足於信息的序化。沃爾曼先生認為：「當前存在一種誤解，認為有序是解決問題的良方。也就是說，如果能按照一種更為有序的方式發送信息，就可以使它更容易理解。事實上，順序並不是理解的保障，而且有時恰恰相反。」沃爾曼先生是在為治療「信息焦慮」提供方法時說這段話的，它給予筆者的聯想和感觸是：如果有序化並不能完全解決有益信息利用的困難，那麼它對我們一直倡導的「信息的有序化是組織信息的目標」這個觀念提出了挑戰。事實上，對於信息量巨大的信息集合，採用精確的信息序化方式的確不能解決信息理解困難的難題。以搜索引擎的輸出結果為例，如果大量的結果是按照精確的字母順序組織的，用戶要判斷其中有價值的信息就很困難，實際上它增加了信息提取和利用的困難，而如果大量的結果能夠按照面向任務的模糊組織方式組織，效果會比精確組織方案要好。由此，我們提出：信息組織追求的目標不是信息的精確有序，而是便於用戶作出信息價值和相關性判斷，便於用戶提取和利用。在某些條件下這兩者能夠統一起來，表現為序化後的信息易於理解和判斷，而在另一些條件下，這兩者有衝突，表現為序化後的信息仍然難於理解和判斷。信息的組織方式、信息結構的設計方式將深深影響人們學習的過程和他們在廣泛意義上獲知知識的能力，這是對信息組織設計領域、信息建築師、專業人士的真正的挑戰。

（5）重視信息的展示方式。從信息接受的感性方面看，現代科學技術為人類提供了強大的信息傳播功能，當人們的信息內容傳遞和接收的技術問題逐步被解決以後，信息傳遞和接收過程中人的精神的、感性的某方面因素成為了主要的矛盾。儘管比起內容傳遞，這種感性的東西比較難以把握，但是利用心理學、認知科學和社會學的一些方法仍然能夠掌握其中的規律。信息接受過程是一個複雜的心理過程，除了知識匹配等理

性的因素起作用外，感性的東西如情緒、感受等在信息接受過程中同樣起到重要的作用。呈現信息或傳送信息的方式會影響人們接收和解釋信息的方式，也會影響信息內容的傳遞效果。既然如此，信息傳播就不能單純注意如何將信息內容傳送出去，而要重視信息的呈現方式。腦科學研究表明，人腦是一個串行信息處理系統而不是並行信息處理系統，在一定時間內，人只能執行一個信息處理過程，而不能同時執行多個信息處理過程，所以人在接收信息時最基本的特徵是選擇性和指向性。美國學者理查德·萊漢姆（Richard A. Lanham）在《注意力經濟學》一文中說「經濟學研究的稀缺資源分配現在是指信息。但是，我們現在已經被信息所淹沒，我們與信息的關係就像我們就著消防龍頭喝水。在這篇文章中，萊漢姆還從藝術的角度對注意力經濟作了分析，他說任何當代藝術，其核心都是吸引人們的注意力。

我們現在生活在信息富集時代，信息的總量已經超出了個人能吸納的限度，通常我們所採取的解決辦法是忽略我們身邊的多數信息，只取用其中的一部分。在這樣的條件下，對於信息的捕捉而言，注意力資源成為了寶貴的稀缺資源。正如一位學者所言，對信息經濟而言，具有諷刺意味的是，一方面信息很容易複製，信息通道進一步擴大，另一方面個人的注意力通道卻依然像過去一樣狹窄。網絡環境為人們獲取信息和交流信息提供了極大的方便，同時由於它提供了更多的選擇便利，往往更容易讓人注意力不集中或者不停地轉換注意力。要想提高信息傳播的效率，需要吸引用戶的注意力，提高用戶對信息的感知度，幫助用戶判斷和分析。

信息構建的研究已經注意到了信息的表達和展示、信息界面設計等方面的藝術性、人性化問題，我們可以將這種理念引入到政府信息傳播問題上，應該在更廣泛的層面上注意網絡時代信息傳播的特點，改變過去比較注重科學性和學術性，而不

注重信息的表現形式和表現手段的信息傳播方式，引進藝術的、人性化的手段，提高信息的感知度和可理解性。

信息構建理論的興起是一個值得關注的社會現象，它對社會的影響是廣泛的。它會影響到與信息的收集、加工、傳播和利用有關的任何學科，如計算機科學、界面設計、人機交互、新聞傳播、圖書情報、信息系統、教育學等。

4.1 電子商務網站信息構建概論

基於電子商務網站的信息構建的定義為：網站信息構建是運用信息構建的理念將網站內部的信息有機地整合，借助可視化設計、可用性測試、人機交互和用戶體驗設計等方法，對網站的內容結構進行組織、標示、導航和檢索，從而幫助用戶在網站上成功獲取服務和信息的方法和過程。

IA 的設計目標是尋求信息處理和信息需求的統一。從對信息的處理結果看，要達到信息的清晰和可理解兩個目標；從用戶的使用結果看，要達到信息有用性、可用性強和使用者具有良好的用戶體驗三個目標。網站信息構建通過搭建一個基於網絡的信息組織、展示與管理平臺，構建集成的網絡信息資源管理體系，以增強網絡信息資源的條理性、可視性和易用性，最大限度地增強信息可訪問性和信息可理解性。要達到上述目標，信息構建過程中需要信息組織、信息展示、信息交互、信息環境等多方面的建設。既需要建立自身的組織、標引、導航和檢索系統，又需要建立與用戶體驗和認知相關的用戶信息系統，並實現兩個系統的內在統一。

IA 的核心思想是「以人為本」。「以人為本」的理念，始終貫穿信息構建的理論與實踐。信息構建的根本目的在於構建信息路徑，幫助用戶接近信息和成功利用信息。信息構建的

「以人為本」是強調以用戶為中心，重視用戶體驗，滿足用戶的信息需求，做到「信息可訪問」和「信息可理解」，即通過對原始數據的加工，為信息和知識的集合建立穩定的框架結構，形成有效的信息檢索系統，使用戶能夠在較短的時間內獲取信息。IA 構建評價是 IA 建設的重要環節。通過評價可以找出現有 IA 網站的成果和不足，明確改進的方向，指導 IA 建設向健康的方向發展。

IA 評價主要包括內容評價和設計評價。內容評價可以從以下六個方面進行：①準確性，網頁內容是否準確、客觀，這直接影響到網站的使用價值；②權威性，網站內容的提供者在本行業的威望和知名度，以及其中的個體所提供文章的深度或信息內容相對於其專業的前瞻性；③全面性，包括廣度和深度，廣度一是指覆蓋的主題領域，二是指信息資源的類型全面性，深度指所提供信息的垂直度是什麼樣的，是原始信息還是信息線索；④獨特性，有特色才能使自己的網站在茫茫的信息大海中佔有一席之地；⑤時效性，和非網絡資源相比，網絡信息資源的特點之一就是傳播速度快，更新及時，時效性強；⑥實用性，信息是否有實際使用價值，是否符合用戶需要。

網站設計的評價。好的網站設計應結構合理、技術先進、頁面簡單美觀、用戶使用方便。主要包括下面幾點：①網站結構，良好的結構能使訪問者容易找到自己所需的信息，一般採取等級結構的組織方式，確定站點的層次及主頁與從頁之間的連結關係，通過導航條、超級連結將訪問者帶到目標網頁上；②交互性，成功的網站能提供多種交互界面，如數據庫查詢、留言板、BBS 等，同時在網頁中留下聯絡方式，用戶也可以和信息提供者進行直接交流；③版面編排及視覺設計，主要包括顏色、字體、圖形、圖像，其目的是有利於用戶使用，並非只重形式；④檢索功能，在內容豐富、設計完整的網站中，檢索功能必不可少，檢索途徑也應多種多樣；⑤連結，網絡導航及

相關連結通暢、迅速，本站各網頁間連接通暢。

4.2　網站的 IA 改造的步驟和措施

　　在網站 IA 初期，對現有網站的 IA 評價至關重要，它是後序工作的基礎。這個階段主要包括以下工作：①對現有網站進行整體評價。評價現有網站的結構組織情況，類別劃分是否準確，有無類別含混和重疊現象；連結是否通暢，有無死連結現象；頁面導航系統是否齊備；版面設計是否美觀實用；有無檢索功能，能否達到檢準性與檢全性的要求。②網站工作流程分析。分析現有網站的工作流程，該流程是否滿足實際工作的需要。對於需要網上公文流轉功能的網站，這一步驟十分必要。③網站現有信息清理。篩選網站頁面上需要保留的內容，對於需要保留的靜態頁面，建議將其轉化為動態頁面，以便於後序檢索功能的實現。④優化數據庫，目標是數據庫中沒有多餘的表也沒有多餘的信息。系統設計主要包括需求調研與分析、數據庫設計、版面設計、導航系統設計、檢索系統設計、交互功能設計、安全性設計等。

　　調研階段需要完成以下工作：在保留原系統功能的基礎上，調研系統還需要實現哪些功能，現有功能能否滿足業務要求，需要哪些擴展和改進；調研系統的設計目標、系統用戶群特點及其對 IA 系統的使用模式；調研單位內現有系統的功能特點及系統間數據依賴的情況，是否需要系統集成及業務整合。

　　需求分析階段要根據需求調研階段收集到的資料，分析系統中用戶類別和用例；畫出每一類用戶的用例圖。這是後序系統業務開發的參照。

　　需求分析階段是系統開發過程中非常重要的一個環節，它

是後序系統開發過程的依據。這一階段主要完成系統用戶建模、業務建模及內容分類三項工作。

用戶建模完成將企業中的用戶類型映射到網站系統中的用戶角色的工作。它首先要根據單位的行政編製建立系統中的職能部門，之後按部門和職位類型來設計系統用戶角色並明確其操作權限。在對系統用戶進行建模時要本著「靈活實用」的原則，要考慮到職能部門變更及用戶角色變更的需要。

系統業務建模主要根據需求調研階段收集到的資料，分析每一個角色的用例行為並對其進行建模，得到用例的狀態圖、活動圖或序列圖等 UML 視圖。同時，業務建模時還要分析系統與周邊系統間的接口，對接口的功能及接口中的參數類型進行設計。

網站內容分類主要將網站的內容按照一定的網站分類標準進行分類。網站分類標準應綜合網站用戶的知識背景、專業背景及網站的操作流程、商品分類等多方面的因素來進行設計。劃分類別時要做到清晰明瞭，方便用戶通過對信息進行篩選瀏覽。類別名稱要盡量符合用戶習慣，能夠囊括該類下的所有項目內容，並與其他分類有所區分。分類不要過多過細，大類一般 6~9 個為宜。對於每一個類別，還要根據分類標準對其進行進一步的細分，這樣遞歸地對系統中所有分類進行劃分，就得到網站的層次結構。為便於用戶通過類別導航輕鬆找到自己需要的信息，層次結構的層數不宜過多，一般 3~5 層為宜。

網站內容設計主要對 IA 系統的系統架構和功能進行設計，對網站的內容按照一定的分類標準進行劃分，在每一個大類別對該類別下的內容進行細分從而得到網站的系統結構。在這一過程中，分類標準尤為重要。應根據用戶的類別特點，綜合各類別用戶的知識背景、專業背景等多方面的因素來進行設計，分類不要過多過細，6~9 個為適中。分類時各類別劃分時要做到清晰明瞭，類名要盡量符合用戶習慣，能夠囊括該類下的所

有項目內容，並與其他分類有所區分，從而便於用戶通過類別導航輕鬆找到自己需要的類別信息。網站用戶權限管理對於需要用戶權限分配的網站來說是重要的。在這個功能裡，我們要實現用戶的增刪及用戶權限分配功能，對於每一個用戶，可以靈活地設定其歸屬的部門或群組，並根據其所在的部門或群組獲得相應的操作權限，即分配其可以查看使用的信息類別和可操作的業務流程。系統管理員甚至可以為某一個用戶單獨設定操作權限。權限設計要本著靈活實用的原則，將用戶權限與角色相對應而不要與某一個具體用戶對應，這樣才可以避免因用戶職務變換而引起的用戶權限管理混亂。

數據庫設計包括三個部分的內容，即：對現有數據庫的改造；對新增模塊的數據庫設計；輔助信息的數據庫設計。對現有數據庫的改造工作需要對現有數據庫的內容進行清洗，統一數據格式，消除數據歧義，使數據庫中數據內容能夠滿足 IA 系統信息處理的需要；新增模塊的數據庫設計是對系統中新增功能模塊進行數據庫設計，在建表、設計字段時一方面要考慮數據庫設計範式的要求，另一方面要考慮信息顯示和檢索的需要。輔助信息是在信息顯示過程中的一些附加信息。以一篇標題新聞為例，除顯示標題、作者、正文等基本信息外，有時還需要顯示信息發布日期、過時日期、瀏覽次數、關鍵字等信息，這些信息對文章內容顯示可能沒什麼影響，但是在控制頁面顯示內容、文章排序、網站內容檢索、網站內容評價方面會起到重要的作用，所以在數據設計過程中一定要考慮這方面的因素。

數據庫設計工作建立在需求分析得到的 UML 類圖的基礎上，通過類圖建立數據庫中的表格及表格中的字段。

從設計對象來看，數據庫設計包括對現有數據庫改造、新增模塊數據庫設計及輔助功能數據庫設計三個部分。現有數據庫的改造先要對現有數據庫中表結構中字段進行增刪操作，使

現有數據庫夠滿足 IA 信息處理的需要；新增模塊數據庫設計是對系統中的類圖系統化地進行建模，通過分析 UML 類圖中各表的關聯關係來對數據庫中表結構進行設計。輔助功能是在信息顯示過程中的一些附加信息，為提高數據庫的操作性能，建議將這一部分單獨設計。

4.3　電子商務網站功能性設計

用戶界面是用戶從網站上獲取信息的操作頁面，是網站內容展現的窗口，好的用戶界面可以提升用戶的使用感受。界面設計要體現美觀、簡潔、清晰、易用的原則。它包括主頁設計和其他頁面設計兩個部分。主頁是網站的門戶頁面，在設計時要尤為重視。在主頁背景設計、整體佈局、顏色搭配方面要有專業美工的參與。頁面整體色調要根據網站性質決定，建議以冷色調為主，主體顏色不多於三種。在主頁上展現的內容模塊要與內容分類的類別相對應，佈局要清晰合理，美觀大方。其他頁面的設計工作在主頁設計完成後進行，要保證這些頁面的風格與主頁保持一致。為保證網站頁面的加載時間，建議在網站上使用圖片時要進行壓縮，少用 FLASH（一種集動畫創作與應用程序開發於一身的創作軟件）動畫或視頻內容，這樣就不會出現頁面加載時間過長的等待問題。

通過導航系統，用戶初步瞭解網站內容分類、結構組織；可以知道自己身處網站的什麼位置，明確自己的前行方向和路線，準確地到達目的地。導航系統設計包括全局導航、局部導航、位置導航及網站地圖四個部分。全局導航位置除放置網站的名稱、公司的 LOGO（標誌）外，最主要是放置網站的整體分類信息，它在網站的所有頁面中出現，用戶隨時可以點擊全局導航上的連結進入對應類別目錄。用戶進入某一分類後，若

該分類內容有更細的分類，則這些分類信息會在局部導航區域內列出。局部導航可用樹狀目錄列出多級分類結構，但考慮到用戶使用方便，設 1~2 級目錄為宜。輔助導航是除全局導航和局部導航外能指導用戶迅速使用系統的導航功能，用戶可能通過位置導航方便地知道自己現在處於網站的什麼位置，及該位置所處的垂直目錄結構，點擊相應連結就可以進入對應的目錄。除了位置導航外，輔助導航還包括網站地圖和網站使用幫助等內容。網站地圖是網站上類別連結的容器，它可以幫助用戶快速瞭解網站結構和內容。在網站地圖上要力求以分類列表的方式列出網站上的所有分類結構信息。網站使用幫助是用戶使用網站的快速指南，它告訴用戶網站各模塊的主要作用及如何使用網站工具最短時間找到想要的信息。當系統導航類別需要動態增刪的網頁，還需要將導航的類別信息存入到數據庫中，通過數據庫來實現網站導航系統的動態維護。

網站上大量的信息需要網站檢索系統才能找到，檢索功能是網站上查找信息最常用的功能，檢索功能是否好用，檢準性和檢全性是否滿足設計要求直接關係到系統的 IA 改造的成敗。檢索系統的設計要考慮眾多的因素，既要滿足簡單查詢，還要滿足高級查詢的需要。查詢結果要能根據相似度或時間、訪問次數等因素進行排序。為了實現這些功能，在數據庫設計時就要考慮檢索的因素，不檢索系統設計關鍵字、訪問次數等字段。基於檢索時間的考慮，不建議在檢索時對信息內容進行直接檢索。

在網站上要有網站聯繫方式（電話、電子郵箱）、留言板、論壇甚至聊天室等互動模塊，這樣就可以及時從用戶處得到網站使用過程中的反饋信息，這對網站維護、開發非常重要。交互功能並不是網站的主要功能，但對網站很好地發揮作用是必不可少的。交互功能的設計要本著簡單實用的原則。交互功能在使用後，要有專人負責管理，對用戶提出的意見要及

時回復。

　　安全性設計要考慮以下幾個因素：信息安全、病毒安全、系統穩定性。信息安全是每一個網站都要重視的問題，一旦網站被黑客攻破，網站的信息就可能毀於一旦。為提高系統安全性，建議做到以下兩點：一是經常備份系統數據；二是隱藏網站後臺維護頁面，使用長密碼並經常更換管理員用戶密碼。網絡上病毒猖獗，為了防止病毒對網站系統的破壞，建議使用 Linux（類 Unix 操作系統）平臺，對於搭建在 Windows 平臺上的系統要安裝殺毒軟件並及時升級。系統穩定性設計的目標是保障平臺長期穩定運行，要達到這一點，在平臺投入使用之前要對系統代碼編寫邏輯、平臺運行性能等因素進行測試，測試過程應貫穿軟件開發的全過程，從功能模塊的黑盒測試、白盒測試到系統的集成測試及壓力測試。沒有好的測試就沒有好的軟件。網站要「以人為本」，開發過程中還需要考慮「網站易用性」原則、易用性設計，著眼用戶的使用感受，在網站上增加網頁打印功能、對顯示信息的字號進行控制、顯示信息的關聯信息都是易用性設計的表現。

　　若網站需要與其他系統進行數據交互，網站接口設計是不可缺少的一個環節，接口功能設計時，要充分考慮本系統數據庫與目標系統數據庫中數據類型表示的差異。對於需要導出的數據，要定義好數據接口，對接口中的參數名稱、類型、含義等進行詳細的說明。對需導入的數據在導入的系統數據庫前要進行數據預處理，進行必要的格式轉換，消除數據歧義。

4.4　電子商務網站系統開發及評價

　　軟件開發階段是系統功能的代碼實現階段。為保證系統功能的順利實現，一個科學嚴謹的代碼設計開發團隊是必不可少

的。軟件開發階段初期，首先要對項目中要實現的所有功能進行分解得到子功能模塊（接口或函數），然後對每一個子模塊的接口參數及要實現的功能進行設計。最後要制定軟件開發計劃，對軟件開發過程進行項目管理。

在代碼編寫過程中，要即時地對功能代碼進行單元測試。單元測試包括白盒測試、黑盒測試及功能測試三種，只有三種測試都通過的程序代碼才是合格的代碼。

單元測試完成後，接下來的工作就是集成測試。軟件集成測試主要依據軟件結構設計（概要設計）文檔，主要內容有功能性測試、可靠性測試、易用性測試、效率測試、維護性測試和可移植性測試。其驗證代碼單元集成後形成的功能模塊能否達到功能設計中的設計目標。

經過集成測試後，軟件系統已經初具規模，這時需要將系統部署到服務器上，組織相關人員對軟件進行試用。這一階段，一方面要吸取用戶對系統提出的合理建議，另一方面要對部署後的系統進行壓力測試。對於試用過程中發現的問題要及時處理，盡量不要改動後臺代碼，改動代碼後要對改動部分進行相關測試。

試用通過的系統就可以投入使用了。在投入使用之前要對系統進行 IA 評價，評價依據是 IA 評價標準。將評價結果與之前的評價結果進行對照就可以知道 IA 改造的成果。通過 IA 評價，找出優化後的系統的薄弱環節，為系統的進一步優化指明方向。

為保障 IA 改造能夠圓滿地完成，還需要注意以下幾個方面：

網站的 IA 改造是一個龐大的系統工程，企事業領導的高度重視是項目順利實施及開展的前提。專業的組織管理團隊是項目走向成功必不可少的條件。因此需要成立專門的項目開發領導小組，由單位領導擔任組長。多與單位領導就 IA 改造項

目進行溝通，使其對 IA 改造的意義、重要性及目標有較高的認識。領導重視了，項目的資金來源、開發團隊的組建、開發過程的協調解決、相關部門的支持協助等工作才能夠得到較好的解決。

有了好的項目組織保證後，軟件項目管理也是至關重要的。從需求調研、需求分析，到數據庫設計、接口設計、從開發文檔到測試記錄、從單個程序員的開發程序到整個項目的代碼集成測試，項目管理工作要滲透項目開發的全過程。在項目開發過程中要使用專業的版本控制軟件對項目開發過程中產生的檔案文件及程序代碼進行版本控制，以方便對開發過程進行管理和跟蹤。開發團隊要定期召開項目開發人員討論會，收集對開發過程的相關信息，對提出的問題進行分析、攻關，以提出相應的解決方案。

IA 改造過程要面對新老兩個系統，在技術層面上可能要面臨新老兩種技術的取捨。在技術路線的選擇上建議以系統穩定運行為出發點，選擇成熟、可靠的技術方案。在保障系統可靠性的基礎上再研究提高系統性能的問題。切忌求新求變，勿應用一些尚不成熟的技術。

在互聯網上信息迅速膨脹的今天，構建「信息清晰、可理解」的基於 IA 的電子顧問網站是互聯網網站發展的方向。越來越多的網站會通過重建、改造來實現 IA 在網站建設上的應用並從中得到實惠。IA 理論及應用的研究將更加深入，IA 技術也將被應用到更廣泛的領域，發揮更大的作用。

信息構建思想在網站建設中有著廣泛的應用。具體而言，可以在它的指導下，建立網站的組織系統、標示系統、導航系統和搜索系統以及設計控制詞彙表等，這樣便於形成一個優化的信息空間，讓網站中的信息有用和可用；可以在它的指導下，利用一定的方法和工具，形成網站建設的策略和設計過程，這樣便於建造一個具體的網站。

參考文獻

[1] 黃磊. 政府網站 IA（Information Architecture）研究 [D]. 成都：四川大學，2006.

[2] 王翠萍. 論信息構建在個性化信息資源組織中的應用 [J]. 圖書情報工作，2007（1）.

[3] 王趙雄，劉歷. 信息構建在知識管理中的應用 [J]. 情報探索，2007（2）.

[4] 顏端武，蔣琳. 基於 IA 理論的網站評價研究 [J]. 江西圖書館學刊（JLSJ），2005（1）.

[5] 張軍. 基於信息構建的網站工程化建設流程 [J]. 現代圖書情報技術，2007（2）.

[6] 劉記，沈祥興. 網站信息構建決定因素分析 [J]. 情報科學，2007（2）.

[7] 周曉英. 信息構建目標及其在政府網站中的實現 [J]. 情報資料工作，2004（2）.

[8] 周曉英. 信息構建的基本原理研究 [J]. 圖書情報工作，2004（6）.

[9] 榮毅紅，梁戰平. 信息構建探析 [J]. 情報學報，2003.

[10] 劉多蘭. 信息構建對情報學研究的啟示 [J]. 情報雜誌，2003（3）.

[11] 劉雅靜. 政府網站信息構建問題研究 [J]. 情報雜誌，2005（6）.

[12] 李麗，戚桂杰. 從雅虎的分類目錄分析信息構建的發展 [J]. 情報雜誌，2005（4）.

[13] 賴茂生. 關於信息構建的十個問題 [J]. 情報學報，2006（7）.

[14] 呂豔麗. 圖書館 Web 站點的信息構建 [J]. 情報學

報，2006（3）.

[15] 黃文. 信息構建體系及其在專業資源網站建設中的應用 [J]. 情報學報，2007（10）.

第 5 章

信息構建應用於電子商務業務系統

　　隨著人民生活水平的提高，手機已不再是什麼奢侈品，而成為了方便人們生活的一種工具。越來越多的人使用手機，中國移動公司的在網用戶數也在快速地上升，為了迎合不同用戶類別的不同要求，出現了越來越多的資費種類，市場開發需要各種數據以及競爭對手的各種資料。信息的作用越來越重要，但並不是所有的信息都是真實的、有價值的。如何讓用戶在繁瑣的大量信息資源中最快地找到有價值的信息？這樣大量的數據，如果依靠傳統的方式解決，其工作量是無法想像的。在現代網站建設過程及維護中運用信息構建，這已成為必然趨勢。

　　當今社會充斥著大量的信息渠道與信息資源，信息的作用越來越重要。本章將信息構建的理論方法引入到中國移動業務操作系統中，就信息構建體系的概念、內涵以及對移動業務操作系統的影響進行簡要的說明和分析，並結合所從事的數字資源整合建設方面的實踐，探討信息構建體系在中國移動公司業務操作網站建設中的作用和應用模式進行初步的探討。

　　BOSS 是業務操作支撐系統（Business of Operating System）的簡稱。BOSS 的組成包括：計費及結算系統；營業、帳務系

統；客戶服務系統；決策支持系統。移動 BOSS 系統誕生在原電信公司依照市場的要求分裂為移動通訊、電信公司、聯通通訊三家公司時，移動通訊是按照建設擁有移動通訊特點的經營模式的指導思想下才誕生的移動 BOSS 系統。初期的移動 BOSS 經營模式的主要目的是方便快捷地為客戶服務，這時的移動 BOSS 系統界面結構單一，操作方便。但是只有簡單的數據庫系統，無法滿足整個市場的要求。於是，移動通訊開發了第二代移動 BOSS 系統——初級管理模式。這時的移動 BOSS 系統擁有較為強大的數據庫系統，對市場可以進行分析，進而可提高市場競爭力。但事實表明處於初級管理模式的第二代移動 BOSS 系統由於主要依靠外界提供信息，無法由系統本身提取信息，造成了數據庫信息雜亂，成本過高等問題。在第一、第二代移動 BOSS 系統的經驗教訓指導下，基於信息構建的第三代移動 BOSS 系統最終成功，第三代移動 BOSS 系統利用信息構建的先進思想開發了獨立的信息支持系統，滿足了精細化管理的要求。

5.1　獲取電子商務信息源

　　對於一個信息系統來說，信息源是十分重要的，因為信息系統的基礎就是數據庫，沒有信息源的數據庫是沒有意義的，所以如何獲取信息源對於建設一個成功的信息系統是十分關鍵的。在現代社會，信息是十分重要的。往往一條有價值的信息比幾百萬的資金投資更能讓企業在競爭中擁有優勢。而如何快速地獲取有價值的信息，已成為各個企業研究的重要課題。特別是中國移動通訊在企業服務中的特殊性更造成企業對信息獲取的高度化要求。中國移動通訊面對的客戶是整個中國市場的手機用戶，而這個用戶不是以幾百萬以至幾千萬來計算而是以

億為單位來計算。面對如此龐大的用戶群，應該如何去瞭解他們的需求？如果投入高額的成本成立自己獨立的市場調查部門，那麼在服務質量上就會因資金的大幅減少而受到影響，這不是移動通訊與移動用戶希望得到的答案。於是，移動通訊公司選擇了另一種信息獲取方法：第三方市場調查公司。第三方市場調查公司成為了移動通訊的「眼」與「耳」，移動通訊公司不必為信息獲取投入過多的精力而影響自己的服務質量，也能瞭解到所需的信息。但是實踐證明第三方市場調查公司並不適用於中國移動通訊或者說它只能作為移動通訊信息收集的輔助方案。問題還是在移動用戶群龐大的數量上。在面對中小客戶群時，第三方市場調查公司的確能夠提供專業的信息資源。但當面對如此龐大的移動用戶群時，第三方市場調查公司就顯得力不從心了。如果對於國內移動用戶進行大面積調查，信息的真實性可以得到保障，但這種調查需要投入大量人力、物力，而且週期過長，不利於公司對市場的變化作出快速反應。於是，移動通訊公司不得不尋求別的解決辦法。

在移動通訊領域，業務營運支撐系統（BOSS）由七個子系統組成，包括聯機採集、計費、網間結算、業務、綜合帳務、客服和系統管理，以上七個系統的縱向整合就是移動行業所謂的 BOSS。使用 BOSS 系統可以為用戶提供一體化的服務，從這個意義上講，一個移動企業 BOSS 系統的先進與否決定著這個企業的整體競爭力，目前，這樣的觀念已經被移動通訊企業廣泛認可。而從宏觀上講，建設 BOSS 的戰略意義從根本上在於應對競爭，包括來自國內的和國外的。入世之後，國外電信企業將逐步進入中國，競爭局面將更加嚴峻。在這種形式下，移動意識到必須通過提高企業的信息化程度的手段來提高自身競爭力，對原有 BOSS 系統的全面改造已經勢在必行。

其中，移動 BOSS 系統改造的一個重要課題就是利用移動 BOSS 系統本身收集信息。而移動 BOSS 系統收集信息就必須

利用到信息構建。在移動 BOSS 系統中的聯機採集、計費、網間結算、業務、客服五個子系統都是直接面對客戶的，這些系統的使用者大都是移動營業廳與客戶經理，而移動營業廳遍布中國，每個地區也都有移動客戶經理。這樣，一個大致的模型就形成了：利用移動公司遍布國內的營業廳及客戶經理在對客戶的服務過程中完成信息收集。如：在移動營業員辦理業務時，採取實民制，瞭解客戶對公司資費的需求。在客戶經理客服過程中，瞭解競爭對手的動態……再通過移動 BOSS 系統對營業的統計分析，將所有片區的數據分析結果加以匯總，一個全面的信息源就此誕生.

5.2　電子商務信息循環式傳遞

當我們擁有了一個全面可靠的信息源時，另一個問題又出現了：這些信息是如何在信息系統中流通傳遞的。

在信息構建的幫助下，我們得到了一個全面的真實可靠的信息源。但是由於是所有片區的信息匯總，信息源中的信息量非常大的。這樣大的信息量在傳遞中會遇到兩個不可避免的問題：信息精簡及信息回放。

當信息源構建成功後，這些信息需要提供給公司高層作為決策依據，但公司決策層並不需要瞭解具體的某位客戶的需求信息，他們需要的是市場反應情況及競爭對手的總概況。所以，信息源不能作為參考依據等量的直接提供給決策層。它需要進行精簡提煉出最直接的反應市場動態的數據信息。同樣，在決策層下達決策後，市場工作人員不能只知道下期的工作任務是多少，他們需要的是如何去完成上面下達的工作要求。如何更好地為客戶服務，怎樣才能解決這兩個問題？答案就是循環式信息傳遞。

循環式信息傳遞就是移動 BOSS 系統依靠信息構建在系統管理這一子系統中為信息精簡及信息回放提供獨立的數據庫，並在信息源的上傳過程中根據各級對信息的不同要求逐級精簡信息，保證每級工作人員的信息需求。在決策下達過程中根據各級工作性質不同逐級地把決策的內容具體化，從底級工作人員收集信息源到逐級信息精簡為決策層作為決策依據到決策逐級信息具體化下達到底級工作人員，從而在移動 BOSS 系統內部形成信息循環。

信息構建是如何產生信息循環的？這需要從移動 BOSS 系統依靠信息構建系統管理這一子系統分析，目前，移動的計費、營帳、結算和客服的數據庫服務器和應用服務器均由中心統一維護和管理，BOSS 系統（即移動通信業務營運支撐系統）在各地市主要用於完成客服系統的終端功能。由於系統規模大、業務種類多、系統架構複雜，除了要保障數據庫的高效與穩定外，更要有效地使用數據庫、中間件、存儲、操作系統等資源，提高系統的應用性能。基於這些因素，他們選用了 VERITAS 公司全球領先的應用性能解決方案 VERITAS I3。

由此，我們可以看出移動 BOSS 系統管理的獨特性，即通過對系統內部的監控及對數據庫信息的有力控制，使信息循環過程中無效的信息無法上傳，決策下達時得以具體化。

5.3　獨立的各級電子商務信息支持平臺

由上文我們得到了縱向信息的傳遞，但信息是怎樣橫向傳遞的呢？移動通訊內部橫向部門之間信息又是怎樣傳遞的？基於信息構建的移動 BOSS 系統又為我們提供了獨立的各級信息支持平臺。

在移動通訊內部各部門的信息要求是完全不一樣的，如建

維部需要依靠客戶反應的情況決定在哪裡建設機站以及瞭解哪裡的機站出現問題需要維修；數據部需要依靠各種業務的發展量來決定開發何種新業務；採購部需要根據各部門需要採購各種物資……這些信息是相互關聯的，但在各部門使用過程中卻是相互獨立的。所以在每個部門建立自己獨立的信息支持平臺是十分有必要的。

在建立這些獨立的信息平臺前我們可以發現這些信息的關聯性，建維部在哪裡建設機站或者宣傳廣告取決於地方移動用戶數的多少，這些信息可以在市場部提供的信息源中找到，數據部依靠的業務發展量也可以在市場部提供的信息源中找到，採購部採購物資的種類、數量是根據其他部門的需要而定。任何獨立的信息平臺所需的原始信息都是由市場部提供的信息源所決定。

那麼信息構建如何構築獨立的信息平臺呢？其原理與信息循環大致相同，由市場部提供的信息源精簡為單純數據信息後，根據決策決定自己的工作計劃，再由工作計劃算出物資需求提交移動 BOSS 系統，由移動 BOSS 系統將信息轉交給相關部門。如數據部根據市場部的信息源決定開發新的產品，然後提交會計統計需要什麼樣的產品物資提交給採購部，採購部無須知道要開發什麼產品，只需按移動 BOSS 系統提供的物資需求信息實施就可以了。

5.4　信息構建在移動 BOSS 系統中的應用效果

移動 BOSS 系統所提供的實惠可以從以往的數據比較明顯看出來。在使用移動 BOSS 系統前，重慶市巴南移動公司的總員工為 216 人，使用後只有 158 人，由於信息流通快速，決策有根據，市場收入提高 34.62%，三家占比提高 28.39%，同

時客戶投訴率下降68.71%。

根據信息構建在移動BOSS系統中的三大應用，信息構建在移動BOSS系統的應用效果也可分為三類：方便、全面、可靠的信息源；為決策者提供快速、直觀的信息依靠；讓各種工作人員各盡其職、各負其責。

現就一個分區市場管理者的移動BOSS系統進行說明。這個系統可以提供的是自己所屬的分區的市場情況，如集團單位有多少，具體某個集團單位的基本情況：單位領導人的信息，單位人數，三家公司（移動、連通、電信）占比，通訊明細表；市場現時收入情況：卡號新增，卡號激活量，話費收入……這些信息可以真實可靠地構建一個數據庫，從而節約公司的成本。

循環式信息傳遞先是由下屬低層工作人員在工作中收集用戶信息及市場情況、競爭對手情況等，然後對所有的信息進行整合，去掉無用的信息，接著對有價值的信息進行分類並將其提供給不同的管理層，再由管理層對這些信息進行評估做出決策下發返回給下層工作人員，信息就這樣進行循環。這樣就解決了用戶面對大量信息時無從下手的困境。

在工作分工中，無論是總經理或是營業員，市場部或是數據部，他們的工作目標是不一樣的。管理層的工作就是觀察市場動態，根據信息做出決策；營業員的目標是根據客戶的不同類別，提供相適應的資費。所以他們所需的信息是絕對不一樣的。基於信息構建開發的移動BOSS系統的獨立信息平臺就很完美地解決了這個問題，從現實意義上來講就是管理層不必為客戶充值或介紹資費，營業員不必對市場的環境進行分析。

參考文獻

[1] 宋麗梅, 紀成軍. 解析BOSS系統對移動數據業務的支撐[J]. 通信世界, 2004 (27).

［2］李麗，戚桂杰.從雅虎的分類目錄分析信息構建的發展［J］.情報雜誌，2005（4）.

［3］賴茂生.關於信息構建的十個問題［J］.情報學報，2006（7）.

［4］寧宇.中國移動 BOSS 系統的建設及其影響［J］.電信技術，2003（3）.

第 6 章
返利網綜合評價

在1990年，中國電子商務便進入了電子數據階段。隨著這20多年的發展，人們由開始對電子商務的懷疑變為到現在的接受並使用，然而，現今日趨成熟的電子商務必須要有新的營銷模式才能夠符合人們對現在電子商務的需求。於是，返利網在這個契機應運而生，在2000年國外已經有了部分門戶網站將自己的部分銷售提成返利給客戶，這就是返利網形成的雛形。隨著返利網的使用發展，中國的商家也開始效仿和使用，首家中國的返利網在2006年11月成立，是中國首家電商類CPS效果營銷服務提供商，該公司成立五年來，憑藉良好的用戶體驗，現已成為國內返利行業市場規模最大、用戶活躍度最高的「第三方返利導購」平臺。

返利網實質上是一個第三方導航網站，把各個合作的商家信息展現在一個個板塊裡面，其本身既不銷售商品，也不發出商品。買家可以通過點擊連結進入到想要的購物網站進行購物，從而得到不同等級的返利折扣。同時，買家可以通過返利網的「聯合登陸」簡單地登錄到「淘寶」等購物網站。買家在省錢的同時，又特別簡便地完成了網購。

然而，面對這樣節省金錢的購物模式，多少買家能夠抵住誘惑？據悉，現在的返利網便有1,000萬註冊會員，保持著每

月 1,000 多萬返利金額，吸引包括京東商城、當當網、1 號店等在內的 400 餘家知名 B2C 電商集體入駐，覆蓋中國 40% 以上網購人群。返利網給買家帶來的最大的利益便是優惠，當自己已經把錢花出去後，一段時間後居然還能返回一部分，大部分買家是願意使用返利網的。當然，返利網也給用戶帶來了便捷，方便購物者管理自己的購物清單、帳戶信息等。

同時，很多商家也沒抵住誘惑，紛紛與返利網合作，獲得雙贏的局面。採用 CPS 方式，即按銷量分成的方式付費，商家的投入成本低，卻獲得高效益。

張權先提及到電商推廣的發展，簡單地從網幅廣告發展到抽佣返利的四個歷程。通過對四個歷程的分析，逐漸得出返利網給誰帶來了何種利益，且分別從買家和賣家兩個群體得出相應結論，分析了二者的利弊、返利網的可行性和返利網的核心競爭力。

魯正旺根據「百分百購物網站」的崩盤及老總攜款逃跑這一事件對返利網做出了一系列的內外部分析，介紹了返利網的發展歷程和預測了未來返利網的前景。他主要從返利網的外部巨頭競爭力分析到小型返利網站面臨破產的境地，內部還存在不少的問題導致很多買家對其失去信心。甚至有的網站淪為了一種新型的網絡傳銷。

鄭齊翔也是根據福建返利網崩潰而分析了中國現今網購市場的現狀，主要指出以下四個網購市場現狀：一些不法商人利用網購缺乏監管的缺陷，欺騙消費者，利用次品冒充正品；中國網購物流成本高，物流體系不健全，很多物流企業的品質得不到保證；很多買家在購買物品後，很難得到相應的售後服務，讓不少買家在網購後很多利益得不到保障；網絡安全也已經成為一個不可忽視的問題，不少人在網絡上出現信息被盜等問題。綜上四個問題，他對現今網購市場提出了相應的對策。如，加強立法簡歷法規、商家建立誠信體系和引入第三方權威

認證和第三方保險等。

程淮分析了網購的普及和現今返利網壯大的原因，同時指出返利網的盈利模式。他也根據各個電商大頭對返利網的態度，對返利網的未來做出了一定的期許和讚揚[4]。

新模式是指返利網是個購物仲介新平臺，採用會員制方式運作。返利網既不賣東西，也不發貨，只是一個仲介平臺，幫助買家跟蹤信息和更新信息，同時給賣家帶來利潤和廣告推廣[5]。新挑戰是指返利網的營銷模式是新興的，很多買家和賣家是否能夠接受這種新興模式還是一個疑問。新希望是指隨著返利網的開始，此種模式發展速度非常的快，而且中國的網購市場還有很多空間。返利網的生存空間和給網購市場帶來的效益是非常有前景的。

返利，這個詞最開始在各個商場就已經開始出現，不少商場也有返利積分的一些活動，但是真正的專業返利卻沒有出現。中原從這點開始著手提出返利網出現的必然性，同時根據返利網的盈利模式提出了返利網的收益來源，並且對返利網的生存狀態發表了自己的看法，以及其日後需要面對的挑戰。

隨著這幾年電子商務的迅猛發展，電子商務在服務方面的地位越來越高，服務質量不容忽視。中國不少專家學者對電子商務服務的評價體系各持己見，爭高不下。匡雪麗運用模糊層次分析法計算各指標，對電子商務滿意度進行評估，建立模型進行綜合分析，證明了其可行性以及有效性。此文的建立模型方法和評估的幾個方面可以用以借鑑，其對返利網的綜合評價具有不少的參考性。

一個客觀科學的評價體系可以評價電子商務網站質量的優劣、影響其質量的原因和網站的維護應該重點放在哪裡。趙家胤建立模型，分析問題，進行了集合和矩陣的分析，得出等級好差的打分制度。此方法能夠客觀地評價一個電子書網站的優劣。可以參考這篇文章的思路來給論文的評價體系進行構思。

电子商务个性化是指电子商务网站给用户提供建议，让用户决定买什么产品。姚瑶选用了一些客观，能够真实反应电子商务网站的信息的评价指标来对用于满意度的电子商务个性化推荐进行研究和评价。她采用的几个指标对写论文的评价指标具有很高的参考价值，能够更加公正、客观和真实地提出有建设性的指标。

返利网是继团购网站之后迅速崛起的，随著各个团购网站的倾倒，返利网是否会重蹈覆辙，成为很多人关注的问题。返利网是更适应现在电子商务发展的需求的，虽然自身出现了很多的问题和需要改进的地方，但是返利网的前景是可观的。返利网必须从客户利益出发，努力做好客户体验，提高客户的忠诚度和满意度，提高自己的竞争力，才有更好的发展空间，才能最终存活下来，成为电子商务的发展的驱动力。

综上所述，返利网能够给现今的电子商务带来变革和创新。但是新兴出现的返利网却也存在著诸多的问题，返利网的发展遇到不少的问题和瓶颈，返利网能否长久的发展？返利网还需要哪些的改革才能够补上现在的不足？返利网能否真正地为消费者带来便捷和利益？这一系列问题都是本章将要分析的，本章将介绍以下关于返利网的信息。

返利网是在当今电子商务迅速发展新需求下应运而生的。在新的竞争和挑战下，电子商务的发展需要新的盈利模式才能够获得长久发展，因此返利网借著这个契机出现。返利网实际上是作为一个三方平台给客户提供返利服务。本章将先介绍返利网的概念、发展现状，评价返利网的思路和方法，分析返利网的盈利模式、返利网内外部竞争和返利网信息安全。对于返利网的评价有很多指标，不过本章主要是用界面指标、信息指标和技术指标来对返利网进行综合评价，但由于返利网网站存在的数目太多，所以在某些部分会以代表性的网站来进行分析，并设置问卷调查进行统计分析。通过对返利网进行评价从

而提出相應的建議和對策，使得返利網能夠更加長久地發展，同時，也表達了對返利網的期許。

6.1 對返利網站分析

返利網出現的時間並不長，很多人對其並不瞭解。所以本節將對返利網的盈利模式、內外部競爭和返利網存在的持久性及信息安全性進行闡述，以便讀者能更加的瞭解和熟知返利網。

6.1.1 返利網的盈利模式

在分析返利網的盈利模式之前，先介紹電子商務 B2C 的電商推廣模式，以此可瞭解到返利網出現的契機，同時可以更加清楚地分析其盈利模式的優缺點。

（1）電商推廣的定義和種類

電商推廣模式是指為各個電子商務網站在網絡上進行推廣和宣傳，把電子商務網站的全部信息完整地展現出來，通過這種宣傳可以給電子商務網站帶來盈利。電商推廣經過長期的發展共經歷了四個階段，以下簡單介紹這四個階段：

第一階段，網幅廣告提供的指示牌服務，將電子商務網站的信息通過橫幅廣告的方式呈現出來，提供一種「指路」的作用，而消費者能否進入目的地，能否給電子商務網站帶來盈利就不是電商推廣的職責。

第二階段，點擊收費，即在第一階段的基礎上給消費者提供了「指路」的作用後，帶領消費者到這個「店裡」，根據電子商務網站的點擊率來收費。但能否給電子商務網站帶來盈利，消費者是否有購買行為也不是電商推廣的職責。

第三階段，交易抽傭，是指把消費者帶到了「店裡」，經

過努力，使得消費者完成購買行為的動作。由於消費者的消費使得電子商務網站獲得盈利，不再是前者的按「人頭」收費，因此推廣方能夠從交易額中獲得部分利潤。這樣的方式能夠更好地調動推廣方的積極性，與此同時減少電子商務網站的成本。

第四階段，抽傭返利，是指為了提高消費者購買的積極性，把消費者的部分消費金額按比例抽取出來返還消費者。抽傭返利是在交易抽傭的發展基礎上的變革，使得消費者、電子商務網站和推廣方三者的積極性大幅提高，獲得「三贏」的局面。

以上四種電商推廣中，抽傭返利是最有效、最完善的推廣模式。正因為電商推廣返利的這種模式出現，返利網在這個時候也相應地出現和發展。因此，從上就可以看到返利網盈利模式的雛形，可以知道返利網的盈利模式實質是返利網給各個電商網站提供電商推廣，讓消費者進入各種電子商務網站，比如京東、淘寶和當當等網站。當消費者在返利網這個平臺在各個電子商務網站購物後，返利網可以得到部分提成利潤，而此時返利網又將部分自己的盈利按照一定的比例返還一部分給客戶。

（2）返利網盈利模式的優缺點

根據前面的介紹，可以初步瞭解返利網的盈利模式，但這樣的盈利模式在給各方帶來利益的同時也隨之出現不少的問題。返利網既有優點，也有缺點。

優點：返利網的這種盈利模式可以很直觀地看出其以下優點。首先是給消費者提供了更加優質的服務，消費者能夠得到更多的利益。其次，讓各個電子商務網站降低了推廣成本，吸引了更多的消費者，同時獲得更多利潤。最後，返利網的出現也順應了現今電子商務發展的新興需求，是電子商務發展更近一步的表現。

缺點：由於近幾年返利網的快速發展，各種返利網網站層出不窮，但同時也伴有很多的負面新聞，也出現了返利網的返利承諾有的返利網站並沒有兌現、返利網的客戶信息不能受到保護、返利網成為了網絡傳銷組織等問題。

6.1.2 返利網的內部問題和外部競爭

這樣良好的商機出現，而且其入門門檻也不高，自然很多商家不願意放棄這個機會，也希望在這個市場上分得一杯羹。據瞭解，最為突出的便是QQ返利和網易返現的參與，它們讓很多小型返利網站幾乎破產。巨頭的參與給本來門檻就低、競爭薄弱的某些返利網站帶來了致命一擊。

（1）返利網的門檻

返利網的成立不需要多少的成本，可以簡單地說只要在網絡上建立一個網站，與其他電子商務網站合作，就可以營運了。正因為這樣低的入門門檻，使得現今網絡上存在很多五花八門的返利網站，甚至一些巨頭網站也加入其中。在這種情況下，返利網存在很多的競爭者。

（2）返利網內部問題和外部競爭

返利網出現的時間並不長，其內部存在著一系列問題，具體如下：

第一，返利時間週期過長。很多買家在購買商品後，等返利金額的時間過長，讓有的買家都忘了自己存在著網上購物的行為。甚至有的返利網站要買家的購物金額到達一定的額度後才能夠返利。由於返利網週期過長，導致一些買家對其失去信心，使其損失了部分客戶。

第二，返利比率和承諾的比率並不相符。有的返利網為了招攬到更多的客戶，貼出返利比率高達50%，但當這些買家被吸引過來才發現，當自己完成交易後，返利的額度沒有網站上承諾的那麼多。

第三，信息被盜。很多監管部門對新興出現的返利網並沒有足夠的條約約束，很多返利網成為了網上傳銷組織和一些詐騙組織，讓用戶網上購買東西，盜取用戶的信息。

綜上的三個返利網的內部問題，足以讓新興出現的返利網在不久後就面臨著危險的破產的境地。

在外部競爭方面，主要有兩個表現。第一，返利網加入進來。很多巨頭，以騰訊和網易的加入為主要代表。二者的客戶群體龐大，有很高的基礎，它們在自身服務的基礎上開設一些增值服務和用戶數據共享，打造以返利為基礎的電商促銷價值鏈。此外，二者的客戶群體龐大的同時，自身的互聯網應用成熟，能夠獲得更多的客戶群體，取得客戶的信任感。這樣的優勢，不是普通的還在發展中的返利網站能夠比擬的。第二，社會化的電商也在相繼的出現和崛起，以美麗說和蘑菇街為主要代表。社會化電商的出現更加地滿足了消費者「逛街心理」，消費者在社會化的電商裡可以找到自己想要的商品，可以看到諸多人給的參考意見、團購信息、同種貨品的價格優勢對比等。社會化電商的口碑現在非常的好，更加能夠得到消費者的信任，成為返利網外部競爭的又一競爭對手。為了直觀地瞭解返利網所面臨的內外部問題，我們建立了如下的直觀圖，如圖6-1所示。

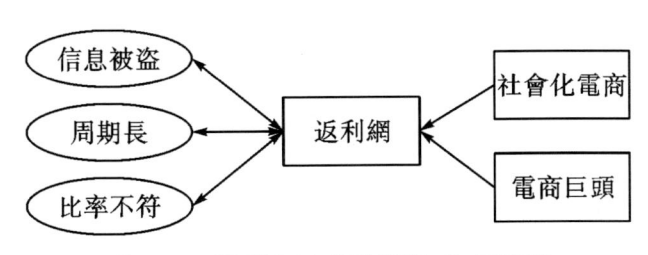

圖 6-1 返利網內部問題和外部競爭

6.1.3 返利網發展的長期性和信息安全性

返利網的出現會不會如同曇花一樣的短暫是現今很多人所關注的問題。而返利網到底能夠走多遠呢？

近期很多的返利網站紛紛破產、老闆攜款逃跑、淘寶取消合作等負面新聞出現，這反應出了返利網的發展並非一帆風順。返利網站在迅速發展的這一時期，讓很多的不法商家從中牟利，使得消費者的利益受到損害。由此看出返利網的發展似乎已經到了終點。但是返利網的存在是非常必要的，返利網對電商的宣傳起到很大作用，不是一般的網站可以取代的。同時返利網也是應現今電子商務發展的需求而產生的，具有一定的市場需求和時代性。所以，返利網的可發展性非常的可觀，各個返利網網站的改革和一些改變是可以讓返利網站在發展中得到進步和完善的。

當然，負面新聞裡面也有著消費者信息被盜或者出現信息洩漏等問題。有的返利網實行了「聯合登陸」，消費者可以用已有的電子商務網站信息進行登陸，給消費者提供了方便。在這種情況下，返利網更加應該做好對消費者信息的保護工作，否則將會洩漏消費者在其他網站上的信息，造成巨大損失。

（1）返利網發展的長期性

可以看出，返利網的發展已經遇到很大的瓶頸，眾多的負面新聞出現已經對返利網造成了很大的衝擊。很多人已經不看好返利網的長期發展，認為返利網不過是曇花一現，在電子商務飛速發展的今天，不久就會在熱潮中被淹沒掉。

其實，返利網是一個正在發展中的新興購物模式，發展過程遇到問題是常見的，返利網在這個重要時期若能夠做出正確的改變和良好的發展方案，轉危為安成為新的電子商務巨頭也不是沒有可能。以下章節會對現今的返利網提出一些建議。

（2）返利網發展的信息安全性

返利網的用戶要產生購買行為，必定會留下用戶信息在網站內，用戶的個人信息是否能夠得到有效的安全保證是用戶最為關心的問題。

由於現今網絡上返利網站的數量龐大，不乏有的商家不是真正的建立返利網提供服務而是想另謀其他利益，所以接下來也將介紹幾個可對返利網綜合評價的指標來讓顧客鑑別返利網的可信性和可靠性，也給現今的很多返利網提供一些建議，讓其更加的完善。

6.2 返利網綜合評價指標

近幾年隨著電子商務的迅速發展，對其的服務有一個評價的方式或者方法是至關重要的。有了一個評價的方法才能夠讓大家更為客觀、直接和合理地知道這個電子商務的服務具體如何。因此，在層出不窮的返利網站中建立返利網的評價是非常必要的。所以，接下來將提出幾個指標來對返利網進行評價和分析。

傳統的評價指標是一個企業績效評價體系的載體，同時也是企業績效評價內容的外在表現，通過財務、資產營運等各個狀況建立邏輯嚴密、相互聯繫和互為補充的指標體系。相應的電子商務的服務和價值也通過用戶的點擊率、用戶數量和停留的時間等指標進行評價。經過對參考文獻的分析發現，總的來說評價指標有界面指標、技術指標、產品指標、營銷指標、信息指標和服務指標共六個。由於返利網是一個第三方購物平臺，不提供產品和某些售後服務，所以本書的返利網的綜合評價採用的是界面指標、信息指標和技術指標，通過介紹這三個指標，同時建立問卷調查來對他們進行分析和返利網的評價。

但由於現今的返利網層出不窮，在綜合評價方面樣本量太過龐大，沒有目標性，所以在介紹各個指標時以比較典型的返利網站——51返利網（現更名為「返利網」）來進行分析。

6.2.1　界面指標

對於一個網站，界面的建立至關重要。界面指標包括網站整體的視覺效果、美工設計、頁面佈局、網站結構與分類深度、使用的方便性等，返利網網站本身就是一個導航網站，其界面必須具有直觀性、邏輯性、可訪問性，使得消費者能夠直觀地瞭解這個網站和快速地操作。

作為返利網，其界面首先應該能夠直觀地讓消費者看到其合作的商家信息，能夠用知名商家的名氣來吸引消費者的眼球，獲得更多的客戶。其次，返利網的界面應該更加地突出該網站的返利比率，吸引消費者產生購買行為，讓消費很直觀地和其他網站進行對比，迅速地做出決斷。最後是用戶體驗，返利網應提供簡單和便捷的方式讓消費者完成購買的過程，有良好的用戶體驗不僅可以吸引新的客戶，同時也能夠留住老客戶，也就是所謂的「回頭客」。

而51返利網作為發展較好的返利網，在界面設計方面相對來說是比較成功的。主要的合作商家、產品分類和購物板塊都比較合理。同時還具有一定的社會責任感，對於現在的雅安地震頁面設置進行了及時地更新和編輯，所以頁面板塊設計方面51返利網是比較成功的。當然，51返利網在管理個人帳戶方面也進行了頁面的設置，具體如下面的圖6-2、圖6-3和圖6-4。

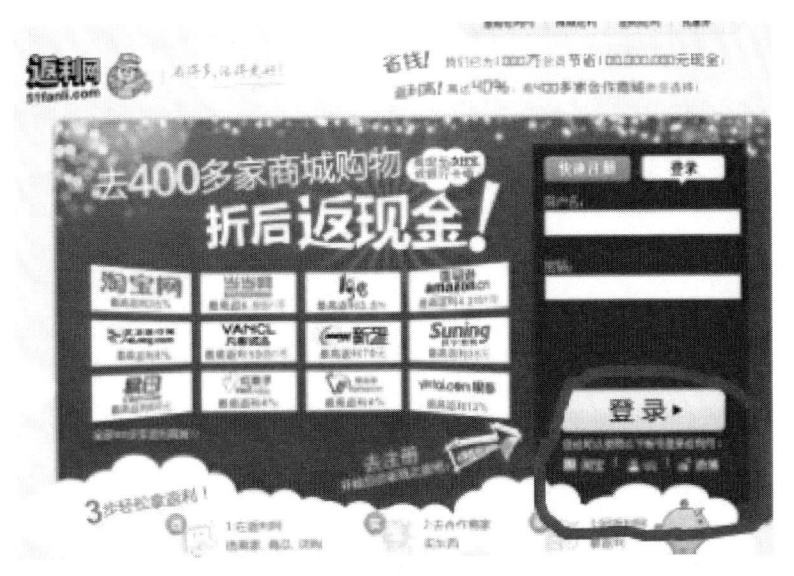

圖 6-2　51 返利網登錄界面

　　圖 6-2 作為返利網的登錄界面，非常簡潔地展示了合作的商家信息，同時在登錄時有「聯合登錄」的操作。

圖 6-3　51 返利網主頁面

　　圖 6-3 作為返利網的主頁，各個功能模塊、頁面佈局都是比較合理的，消費者操作也比較方便。

89

圖 6-4　返利網個人帳戶管理

圖 6-4 作為返利網的個人管理帳戶，與普通的電商個人管理帳戶沒多大區別，簡潔易懂，卻也還需一定的創新。

6.2.2　技術指標

隨著計算機技術的快速發展，一個網站能否順應時代的要求，能否快速地對需求做出反應和技術的變革是決定網站發展的長久性和存在的關鍵。而新興出現的返利網站在很多方面並不完善，其技術能力是否能夠符合所需要的站點反應速度、系統穩定性、購物流程、安全性和連結的有效性要求還待檢驗。對於這些指標的介紹具體如下：

反應速度。現今網民數量的劇增以及對寬帶的要求也越來越高，一個網站能否對這些變化做出快速的反應至關重要。很多網站在面對大幅的網民速度劇增時不能做出適應的調整而造成網站崩潰和倒塌，不僅丟失了客戶也失去了信任。

系統穩定性。作為返利網，其網站應該時刻保持穩定，如果不能保證消費者能夠順利地完成訂單流程和整個購買行為，那麼返利網就不能生存。返利網的系統應該盡量地減少系統故障、系統漏洞和降低系統的不完整性。系統的可用性高、穩定

性強、少故障對返利網的發展非常重要。

購物流程。返利網作為消費者購物的三方平臺，自身的操作就已經比傳統的購物多了步驟和流程，所以返利網在購物流程的設計方面應該盡可能地簡化，減少消費者的操作流程。有的返利網對此已經做得非常完善，在消費者註冊登錄的時候採用了「聯合登錄」，使得消費者不再麻煩地多次註冊登錄。

連結的有效性。既然返利網是一個導購的三方平臺，自然要和很多商家合作，才能夠吸引消費者到來。所以返利網合作的商家必須是真實的和有效的，即與之合作商家的連結必須是有效的，而不是一些噱頭，只為吸引消費者的光顧，卻不產生購買行為。與之合作商家的連結必須是真實的，這樣才能讓消費者信任，不能夠做「一錘子買賣」，做出欺騙消費者的事，認為能夠騙一個消費者就是一個。

而舉例的51返利網，在經過實際操作後筆者體會到操作速度基本上是由自身環境的帶寬影響，而在系統穩定性上和某些設置上面經過嘗試，筆者發現51返利網的「手機綁定」等驗證操作模塊反應速度慢，多次嘗試無果。不過51返利網也補足了這一缺點，有「人工服務」這一模塊，通過人工服務，可以解決問題，但是這一操作會給消費者帶來不便。以下圖6-5和圖6-6可以展現上述的問題。

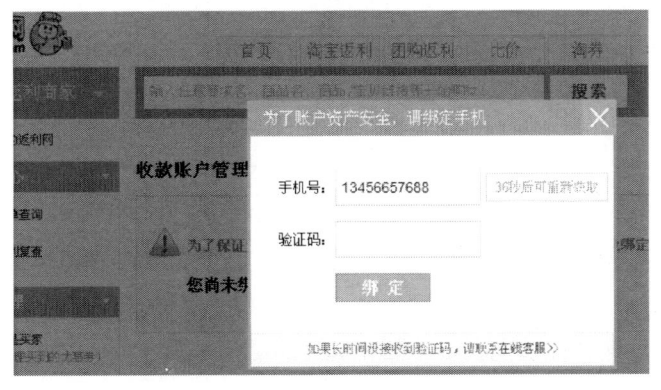

圖6-5　「手機綁定」功能

圖 6-5 為返利網的手機綁定功能，目的是為了保護消費者的帳號信息，如若有被盜情況出現，可以及時找回。但經過操作，51 返利網的系統後臺並不完善，反應速度慢，經過幾次操作都沒有成功。

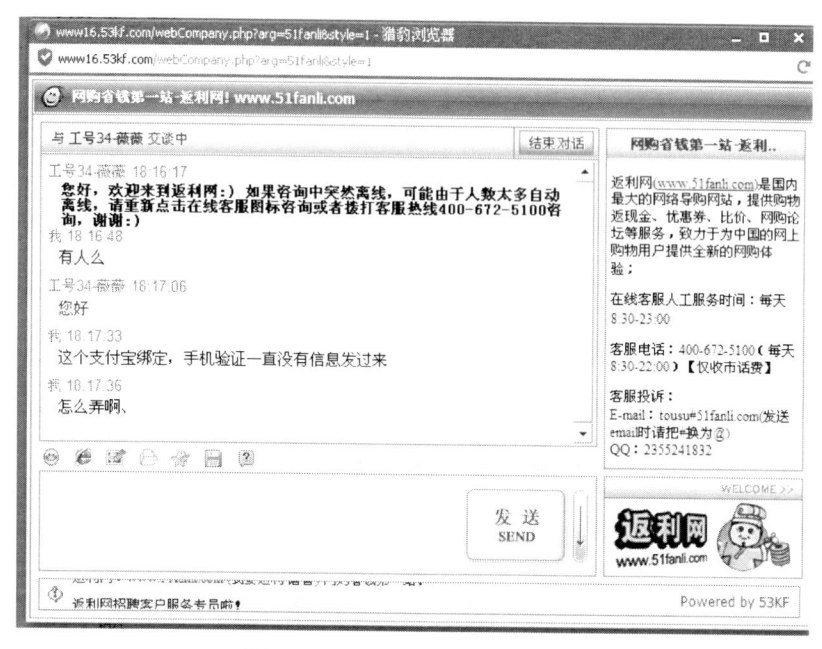

圖 6-6 「人工服務」功能

圖 6-6 是在圖 6-5 的操作基礎上出現的操作，在人工服務功能上，51 返利網做得比較成功，反應速度較快，人員服務較稱職，算是對圖 6-4 問題的一個補足。

6.2.3 信息指標

返利網需要提供與其合作的各個商家的信息、網站提供的返利比率以及返利網站的點擊量等。信息指標在返利網的標準便是提供信息的質量、信息的數量、購買人數總量、商家活動信息更新、消費者評價信息等。

提供信息的質量，決定著返利網的真實性和可靠性。只有返利網提供的信息真實可靠，才能夠獲得消費者的信賴和長久

的光顧。

返利網購買人數的總量是返利網能夠獲得更多客戶資源的重要因素。很多的消費者都有著從眾心理，都會不自覺地認為購買人數多的東西都是好東西。所以返利網購買人數總量的信息在返利網上能夠具體地體現出來顯得非常必要。

消費者評價信息，一般的購物者在購買商品時都會看其他消費者對該商品的評價，所以返利網提供的消費者評價信息決定著消費者對該商品的看法和購買意向。

而在信息指標方面，51返利網已經存在七年之久，提供的信息真實性是經得起事實考驗的。但是51返利網在消費者評價和購買人數的直觀人數方面卻沒有體現。所以各個返利網站在主頁面設置一個網站的評論信息是很必要的，這有利於可信度的提高。

6.3 返利網的評價和相應對策和建議

綜上對返利網的盈利模式、內外部競爭和返利網發展的長期性和信息安全性的三個方面的分析，能幫助我們更深層次地瞭解返利網。現用界面指標、技術指標和信息指標這三個指標來對返利網進行評價，同時亦提出相應對策和建議。

6.3.1 返利網的評價

(1) 從各個指標方向評價

前面的內容使我們瞭解到了界面、技術和信息三個指標。基於這三個指標，設置關於返利網的問卷調查。問卷調查發放150份，回收120份，其中有效問卷共110份。經計算，回收率有80%，有效回收率為73.4%。

問卷主要設置的問題包括性別，返利網界面、技術和信息

三個指標等，共11個問題。為了更直觀地看出問卷的設置和後面的分析，建立如下的表6-1，之後建立表6-2，列出各個答案的評分值。

表6-1　　　　　　　　問卷調查考察方向

指標	11個問題
性別比例	Q1：性別
普及程度	Q2：對返利網的熟知程度
界面指標	Q3：界面簡潔
	Q4：欄目設置
技術指標	Q5：訪問速度
	Q6：系統穩定
	Q7：購物流程
	Q8：連結有效性
信息指標	Q9：信息質量
	Q10：是否有購買行為
	Q11：消費者評價

表6-2　　　　評分標準表（性別沒有設定評分）

選項	分值
A	1
B	2
C	3
D	4

根據以上兩個表的設立，將收集到的110份有效調查問卷通過採用SPSS17.0來進行分值計算和統計，得出如下的表6-3中的數據。

表 6-3　　　　　　　　　問卷結果統計

指標	A	B	C	D	總分	比重
性別	61	49	—	—	—	—
是否知道返利網	5	32	31	42	330	0.75
界面簡潔美觀性如何	7	10	43	50	356	0.809,091
欄目設置合理性如何	8	9	48	45	350	0.795,455
訪問速度如何	3	6	60	41	359	0.815,909
系統穩定性如何	5	7	68	30	343	0.779,545
購物流程如何	7	9	54	40	347	0.788,636
連結有效性如何	48	44	11	7	197	0.447,727
信息質量如何	43	55	11	1	190	0.431,818
返利網購物次數	45	36	19	10	214	0.486,364
對返利網做出評價	40	44	17	9	215	0.488,636

　　從表6-3可以明顯看出，人們對返利網有一定的熟悉度，對返利網的界面、欄目設計、訪問速度和系統穩定性評價都比較高。但是，從後面的幾個指標來看，比重卻越來越低。具體三個指標評價如下：

　　從界面指標來看返利網的界面一般醒目、美觀，能夠讓消費者一目了然，並且受到吸引產生相應購買行為。

　　從技術指標來看，很多返利網可以實現，特別是51返利網是眾返利網的翹楚者，在技術層面已經比較完善，操作和購物流程都比較簡單便捷。但是有的返利網只是噱頭而已，很多的連結有效性並不能夠實現。由於返利網站的數目太過於繁多，在技術指標這一方面來講有的返利網是已經具備技術能力，有的卻還相差甚遠。

　　從信息指標來看，返利網的信息質量、購買行為和消費者評價卻比較低，這表明消費者對返利網並沒有多大的信任感，

重複的購買次數並不多。這一現象，也足以說明返利網很多時候並沒有給予大眾樹立良好的信譽，在誠信上沒有得到認可。如果不解決這一問題，返利網不能夠長期發展。

（2）返利網的優缺點

返利網的優點最為直觀的就是為消費者省錢，同時電商推廣的費用在減少的同時電商本身也得到大幅度的宣傳。所以，從消費者的角度來說，返利網給消費者提供了省錢的渠道，同時登陸也方便，而且各個返利網站提供的返利比率都有不同，消費者可以貨比三家擇優選擇。從電商的角度來看，返利網的出現比傳統的電商推廣更加有效地做出了宣傳，把宣傳成本也盡可能地降低了。

但隨之，返利網的缺點卻日益暴露出來。正因為消費者有著貨比三家的心理，很多消費者在選擇返利網時往往會更加偏向返利比率更高的返利網進行購物，卻忽略此選擇應該注意的其他問題。很多返利網以高額返利為噱頭，吸引消費者購買，可到最後返利的比率卻不是承諾的那麼多。同時很多返利網返利的週期比較長，讓很多消費者非常的不滿。很多消費者表示返利時間太長，很可能都忘了自己在返利網購買過東西。在電商方面，有的返利網沒有做到誠實守信，「城門失火，殃及池魚」，讓很多電商也受到波及，當消費者覺得自己上當受騙的時候就會降低對電商的服務認可度。

6.3.2　相應對策和建議

（1）完善盈利模式

返利網之所以在外部競爭者出現的時候處於完全的被動地位，最為主要的原因就是其依賴性。返利網依賴各個電子商務網站，如果不完善自身的盈利模式，返利網將會在發展過程中一直處於被動地位，電商的微小決策變化都可能給其致命一擊。如果返利類網站的利潤來源僅僅是「中間差價」，對各個

電商過度依賴，勢必不利於其未來發展。返利類網站應該在當前的返利模式的基礎上，積極地創新，創造出更加完善的盈利模式，實現多元化、多途徑獲益。網購市場發展到了一定的程度以後，會將現有的資源進行最大限度的整合，因此返利類網站要提升對商家的談判能力和對用戶的服務能力，適時進行業務整合，以應對全新的市場競爭局勢。

同時，根據問卷調查，也可以發現，返利網的客戶中女性數量是多於男性的，所以在合作商家和板塊設計方面可以更加趨向於女性客戶。

（2）提高信息的可信性和可靠性

很多負面新聞出現的終究原因便是返利網提供的信息不可信，也不可靠。一個返利網站如果想要長期發展並且留住客戶資源，就必須持久有效地提供真實信息、可靠信息。

返利網一直如雨後春筍般相繼出現，但消費者對其的信任度卻直線下降。所以返利網自身應該「自律」，保證自己網站信息的可信、可靠。同時，最好在自身網站界面設計上，特意留出消費者評價的信息，讓其他消費者能夠更加直觀地瞭解其網站。

當然，在返利網自律的同時，相應的法律、法規也應能夠相應地約束不法商家，淘汰掉不合法的返利網站，留下做得好的返利網。所以，返利網提高自身信息的可信性和可靠性不僅能夠留住客戶資源，還能夠在法律、法規出現的情況下得以生存發展。

（3）提高行業門檻

返利網在盈利模式上太過依賴電商，自身的門檻也太低，還不僅讓很多新的返利網加入進來，與其合作的商家也成為了競爭對手。

一般的返利網規模小、營運成本低、知名度低。一個擁有雄厚資本實力的企業，才可以吸引人才，加速產品創新，加大

網站推廣。返利類網站的技術提升空間還是很大的，所以返利網自身存在的一些問題，比如週期過長、訂單跟蹤不準確等問題，通過技術改進是可以改善的。同時，優化與合作商結算或各方面即時的訂單核對流程，可以實現成本的縮減。因此加快融資步伐，對於幫助返利網站快速地占領市場非常重要。此外，返利類網站在獲得融資的基礎之上，應實現技術提升，從而提高行業門檻，保持自身的競爭優勢。

6.4 對返利網的總結和展望

本章主要是對返利網的盈利模式、內外問題、外部競爭和返利網發展的長期性、信息安全性三個方面進行了分析，得出了返利網的優缺點以及存在的問題，並提出就界面指標、信息指標和技術指標這三個指標設置對應的問卷調查，根據收到的問卷進行了統計分析，對返利網進行了客觀的評價，也以此找到了一些對返利網所存在的問題的解決思路和方法。

本章從多個方面對返利網做出了綜合評價，找到了一些問題，相應地也提出了一些解決方法。但是評價的方向依然有不足，並不全面，同時對返利網存在問題所提出的解決方法並未實踐運用，還需在實際運用中不斷地改變和發展，日後還需更多的再次研究才能夠完善。同時，由於返利網的發展速度比較快，大部分文獻資料都來自於期刊和新聞，沒有太多的學者研究，所以在參考文獻方面還不夠完善，很多的理論知識還不夠多。

返利網作為新興出現的行業，有很多的不足。正因為如此，很多返利網的負面新聞接踵而來，在這個是危機也是契機的時候，返利網能否繼續發展下去，成為很多人所關注的焦點。筆者希望通過本書的研究能夠給返利網帶來一定的發展可

能，同時也希望有更多的學者對返利網進行研究和探討，提供更多的參考資料供大家參考，對返利網的發展提供更多的方向和可能性，讓這個新興出現並且有發展前景的行業在電子商務飛速發展的今天佔有一席之地。

參考文獻

［1］張權.返利網誰得利［J］.銷售與市場，2012（8）.

［2］魯正旺.返利網窮途末路［J］.商界，2012（8）.

［3］鄭齊翔.從福建返利網崩潰淺析中國網購市場現狀［J］.企業導報，2012（11）.

［4］程淮.返利網的魔力有多大［J］.經濟視野，2012（5）.

［5］梨衝森.返利網的新期許［J］.經理人，2012（3）.

［6］中原.返利網生存模式探析［J］.互聯網天地，2012（11）.

［7］匡雪麗.基於模糊層次分析法的電子商務網站評價策略［J］.科技情報開發與經濟，2011（18）.

［8］趙家胤.基於模糊層次分析法的電子商務服務滿意度評估方法［J］.信息化研究，2011（3）.

［9］姚瑤.基於用戶滿意度的團購網站的評價體系研究［D］.西安：西安電子科技大學，2012.

［10］宋淑晨.淺析返利網的發展現狀及前景［J］.現代商業，2012（24）.

［11］辛凱.淺析返利網站的營銷模式［J］.經營管理，2011（20）.

［12］Justdo.返利網站真能為你省錢嗎［J］.電腦愛好者，2011（12）.

［13］滄海.返利網站的生死劫［J］.電腦愛好者，2012（12）.

［14］Justdo. 高額返利網擊鼓傳花的背後［J］. 電腦愛好者, 2011（23）.

［15］唐江華. 直接返利撬動二批網絡［J］. 中國商貿, 2004（1）.

［16］瞿文婷, 汪旭東. 返利網：電商促銷員［J］. 創世邦, 2011（12）.

［17］佚名. 返利網實惠給了誰［J］. 織坊服裝周刊, 2011（29）.

［18］泓墨兒. 網購別忘要返利［J］. 家庭之友, 2012（7）.

［19］林永華. 返利網站監管缺失成傳銷平臺 消費者權益需多方維護［N］. 通信信息報, 2012-08-22.

［20］李娟. 返利網大起底：萬家購物如何吹起龐式騙局［N］. 第一財經日報, 2012-06-26.

［21］林娜. 返利網站前景堪憂［N］. 國際商報, 2012-05-18.

［22］敖祥菲. 淘寶封殺返現返利網站迎寒冬［N］. 重慶商報, 2012-11-22.

［23］陳光鋒, 張威, 霍興偉, 林文欽. CPS聯盟十萬分銷大軍［J］. 銷售與市場, 2010（4）.

［24］趙海霞. 返利模式瘦身潮下逆勢走紅 誠信問題仍為發展最大考量［N］. 通信信息報, 2011-11-09.

［25］劉占紅. 返利網被陷傳銷門［N］. 中華工商時報, 2012-07-09.

［26］郭婭舒. 基於波特五力模型的返利類網站發展策略探析［J］. 當代經濟, 2012（17）.

［27］莫玉鑫. 返利營銷, 看起來很美［J］. 市場觀察, 2011（6）.

［28］蔣錦仕. 團購之後返利網興起［N］. 海峽財經導

報，2011-09-21.

[29] 林建榮. 三足鼎立說返利 [N]. 第一財經日報，2012-06-09.

[30] 小狼. 五六折 全新的返利模式 [J]. 電腦迷，2010 (20).

[31] Zhang Peihong, Wang Kan, Wan Huanhuan, Ma Zhong, Jiao. Fuzzy AHP Based Comprehensive Evaluation on Facility Management System of High Rise Office Buildings [J]. Journal of Shenyang Jianzhu University: Natural Science, 2011 (2).

[32] Xiaohong Wang, Liwei Li, Ling Tian. Research on Fuzzy Comprehensive Evaluation of Enterprise Websites [J]. Beijing: College of Management Beijing Union University. 2010 (2).

[33] Lucy Tobin. Money Hot Tips Cashback Sites [J]. Evening Standard, 2010.

[34] Jones, Gareth. Cashback Sites Drive Web Sales [J]. Promotions and Incentives, 2008.

[35] X. Zhang, H. Xiao, W. Fan. The Evaluation of B2C E-commerce Site [J]. Henan Science, 2012 (24).

[36] X. Ge. Enterprises Website Content Evaluation Indexes Design and Positive Analysis Based on CSR [J]. Science Technology and Industry, 2011 (8).

[37] Anonymous. Rebate Network Expanded [J]. Fleet Owner, 2010 (53).

[38] Matthai Chakko Kuruvila. PG&E to Offer 20% Rebate [J]. Knight Ridder Tribune Business News, 2005.

[39] J. Chang, G. Xia. Modeling E-commerce Website Quality Management Based on Bayesian Network [J]. Journal of Tsinghua University: Science & Technique, 2006 (46).

[40] J. Lin, H. Chen. E-commerce Website Evaluation

Based on Factor Analysis and Correspondence Analysis［J］．Information Science，2008（26）．

附錄　關於返利網的調查問卷

您好，歡迎參加本次調查！

［單選］請根據你自己的情況如實選擇以下答案：

1. 您的性別：（　　　）。

A：女　B：男

2. 您是否知道返利網：（　　　）。

A：不知道　B：好像聽過　C：知道　D：知道，併購買過

3. 據您的經歷和看法，您覺得返利網的界面是否簡潔美觀？（　　　）。

A：不好　B：不知道　C：一般　D：很好

4. 據您的經歷和看法，返利網的網站欄目設置是否合理（直觀）？（　　　）。

A：不好　B：不知道　C：一般　D：很好

5. 據您的經歷和看法，返利網的訪問速度怎麼樣？（　　　）。

A：不好　B：不知道　C：一般　D：很好

6. 據您的經歷和看法，返利網的系統是否穩定（是否經常出現錯誤信息）？（　　　）。

A：不好　B：不知道　C：一般　D：很好

7. 據您的經歷和看法，返利網的購物流程是否方便？（　　　）。

A：不好　B：不知道　C：一般　D：很好

8. 據您的經歷和看法，返利網的連結合作商家是否真實有效？（　　　）。

A：不好　B：不知道　C：一般　D：很好

9. 據您的經歷和看法，返利網提供的信息質量如何？（　）。

A：不好　B：不知道　C：一般　D：很好

10. 您是否經常在返利網購物？（　　）。

A：從不　B：很少　C：有時　D：經常

11. 如果讓您對返利網進行評價，您認為它如何？（　）。

A：不好　B：不知道　C：一般　D：很好

感謝您參加本次調查！

第 7 章

電子商務軟件保護及其外包數據安全

在網絡盛行的今天，許多商業化軟件通過互聯網進行銷售。同時，許多軟件都被盜版、破解、濫用，致使許多軟件開發者的勞動成果遭受巨大的損害。本章從應用的角度出發，提出了非對稱加密技術在軟件註冊保護中的具體實現辦法，對採用軟件註冊保護機制的軟件項目具有實用價值。

7.1 非對稱加密在電子商務軟件保護中的應用

先來看看目前流行的軟件註冊保護機制的工作原理：用戶從網絡上獲得某共享軟件（該軟件一般在功能上或時間上進行限制），用戶使用後覺得滿意，但要想獲得功能完全的正式版軟件就需要與軟件供應商聯繫（也就是支付一定費用，提交相關用戶信息後，軟件供應商提供相關的註冊文件或註冊碼）。軟件用戶用獲得的註冊文件或註冊碼進行軟件註冊後，軟件用戶就獲得了完整的軟件使用權。

再來看看軟件註冊的過程：首先用戶把自己的私人信息

（如用戶名、電子郵件地址、機器特徵碼）提交給軟件提供者；然後軟件提供者根據用戶的信息，利用預先寫好的一個程序（程序註冊管理器）算出一組序列號（或生成一個註冊文件）再轉發給用戶；用戶得到該註冊數據後，根據註冊要求步驟在客戶端軟件中進行註冊，其註冊信息的合法性由用戶端軟件驗證。不難發現，軟件驗證註冊數據合法性的過程就是驗證用戶信息與註冊數據（註冊碼或註冊文件）之間的數學映射關係；其實它也就是生成註冊數據的逆過程。這個映射關係往往是由軟件設計者制定的，所以多數情況下每個軟件生成序列號的算法有所不同。多數人認為算法越複雜，破解越困難，其實這種理解存在一定問題，破解者不會用常規思維方法去理解軟件開發者使用的算法，他們更多採用的是在內存空間裡對數據進行跟蹤分析和操作，所以準確的理解應該是映射關係越複雜，破解越困難。本章將介紹採用非對稱加密技術（以RSA（是非對稱加密算法）為例）來實現軟件註冊保護。

　　軟件驗證註冊數據合法性過程，其實就是驗證用戶名和註冊信息（註冊號或註冊文件）之間的換算關係是否正確的過程。其驗證最基本的方法有兩種，一種是按用戶輸入的姓名來生成註冊碼，再同用戶輸入的註冊碼比較。但這種方法等於在用戶軟件中再現了軟件公司生成註冊碼的過程，實際上是非常不安全的，不論其換算過程多麼複雜，解密者只需把你的換算過程從程序中提取出來就可以編製一個通用的註冊程序。

　　另外一種是通過註冊碼來驗證用戶名的正確性，這其實是軟件公司註冊碼計算過程的逆算法。非對稱加密技術軟件註冊機制，是基於這樣一個原理：EK_{pr}（用戶信息）= 註冊數據，EK_{pr} 表示用私鑰加密；DK_{pu}（註冊數據）= 用戶信息，DK_{pu} 表示用公鑰解密。這種方案在設計上比較簡單，保密性取決於對私鑰的保密，算法、公鑰完全可以公開，保密性相當好。

　　根據上述的算法，不難實現對軟件的保護。為此進行了如

下實驗（以 C#為例）。

（1）生成私鑰/公鑰對，用於非對稱加密解密，私鑰文件一定要保存在安全的地方。

實現代碼如下：

//採用 RSA 加密算法，系統默認參數初始化 RSAcryptoServerProvider 類

RSAcryptoServerProvider crpt = new RSAcryptoServerProvider();

//獲得 Xml 格式公鑰字符串

publickey=crpt.ToXmlString(true);

richText.Text=" 導出公鑰/私鑰的情況下：\n"+publickey+"\n";

keypair=crpt.TomlString(false);

string info=" 導出公鑰的情況下：\n"+keypair+"\n";

richText.AppendText(info);

crypt.Clear();

StreamWriter one = new StreamWriter(keypath+" keypair.key",false,UTF8Encoding.UTF8);

one.Writer(keypair);

StreamWriter two = new StreamWriter(keypath+" publickey.key",false,UTF8Encoding.UTF8);

two.Writer(publickey);

one.Flush();

two.Flush();

one.Close();

two.Close();

MessageBox.show("成功保存公鑰和私鑰文件!")

該操作通過 RSACryptoServiceProvider 類的實例 crypt 建立私鑰/公鑰（keypair.key）對和公鑰（publickey.key）文件。

（2）假設用戶向軟件提供者提交了用戶信息，如圖 7-1 所示。程序註冊管理器端類似操作如圖 7-1 註冊管理器界面

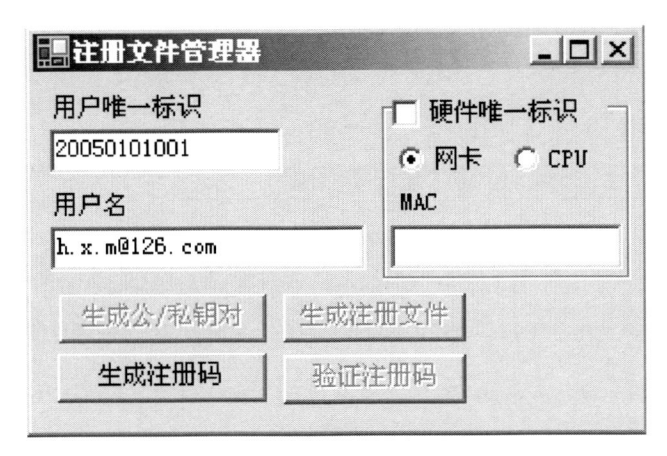

圖 7-1

用戶信息採用「用戶唯一標示」+「用戶名」。這樣處理的結果是用戶名往往會出現重複，不能起到唯一標示用戶的作用。硬件唯一標示選項出現在軟件需要與特定硬件綁定，這種限制可以進一步防止軟件被複製（通過用戶端軟件註時對該信息進行驗證），但同時也要求用戶提供特定的硬件信息（可以通過客戶端軟件實現）。

（3）軟件提供者用私鑰對「用戶名」+「用戶唯一標示」，得到註冊數據。

生成註冊數據（生成註冊碼）代碼如下：

StreamReader sr = new StreamReader（keypath +" keypair.key",UTF8Encoding.UTF8）；

keypair = sr.ReadToEnd（）；

sr.Close（）；

//用私鑰參數初始化 RSACryptoServiceProvider 類的實例 crypt

RSACryptoServiceProvider cryt = new RSACryptoServiceProvid

er();

crypt.FromXmlString(keypair);

UTF8Encoding enc = new UTF8Encoding();

bytes = enc.GetBytes(textBox1.Text.Trim()+"\r\n"+textBox2.Text.Trim());

bytes = crpt.Encrpt(bytes,false);

this.button3.Enabled=true;

//對二進制字節進行Base64編碼,但採用註冊文件的形式的時候也可以不做此轉化

encrypttext = Sytem.Convert.ToBase64String(bytes,0,bytes.Length);

richText.Text="生成註冊碼:\r\n+encryttext"

將註冊碼寫入文件cqistec_reg_file.lic,如下所示:

StreamWriter one = new StreamReader(keypath+"cqistec_reg_file.lic",false,UTF8Encoding.UTF8);

one.Writer(this.encryttext);

one.Flush();

one.Close();

MessageBox.Show("cqistec_reg_file.lic"+"生成成功");

(4) 將註冊數據(本例使用註冊文件cqistec_reg_file.lic)返回給用戶。

(5) 客戶端程序採用軟件提供者的公鑰(存在於客戶端的程序中)對註冊數據進行解密。

StreamReader sr = new StreamReader(keypath+"cqistec_reg_file.lic ",UTF8Encoding.UTF8);

encypttext = sr.ReadToEnd();

sr.Close();

//用公鑰初始化RSACryptoServiceProvider類的實例crypt

RSACryptoServiceProvider cryt=new RSACryptoServiceProvid

```
er();
crypt.FromXmlString(publickey);
UTF8Encoding enc = new UTF8Encoding();
Byte [ ] decryptbyte;
Try
{
    Byte [ ] ney_bytes;
newbytes = Sytem.Convert.FromBase64CharArray(encryttext.
ToCharArray(),0,encryttext.Length);
    decryptbyte = crypt.Decrypt(new_bytes,false);
    string decrypttext=enc.GetString(decryptbye);
    //此處插入驗證邏輯
    This.label2.Text = decrypttext;
}
Catch
{
    This.label2.Text = "註冊碼驗證失敗:\n"
}
```

還原出「用戶名」+「用戶唯一標示」+「硬件標示（可選）」，然後進行驗證（比較用戶名、用戶唯一標示、硬件信息）。

客戶端得到的結果如圖 7-2 所示：

該方案實現簡單、可操作性強。對不知道私鑰的破解者來說，非對稱加密技術使「用戶信息」與「註冊數據」之間的關係變得更加複雜。所以私鑰的保護非常重要，就軟件開發者來說，在丟失了私鑰的情況下要想開發出（或恢復）軟件原註冊器是幾乎不可能的。

通過對軟件註冊保護的分析，提出了非對稱加密方式註冊保護的具體解決辦法，可以有效防止破解者編寫註冊器。無論

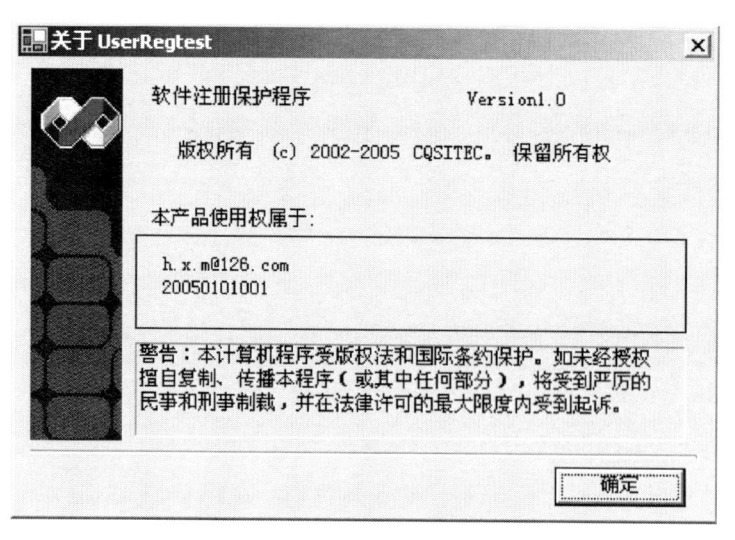

圖 7-2　用戶得到的結果圖

採用多麼強勁的加密算法來進行軟件註冊保護都不能阻止破解者的攻擊，他們可能會繞開註冊檢查，也就是修改程序使用跳轉指令跳過註冊驗證。如果能把軟註冊驗證和部分關鍵應用邏輯相結合，那麼也將能在一定程度上阻止破解者的攻擊，不過這將會影響程序的結構性。如何防止軟件被篡改又是一個值得研究的方向。

7.2　以.Net 為例探討電子商務軟件保護技術

Net 程序很容易被反編譯出來，可以通過混淆器來進行一些掩蓋，也可以通過強名稱來保證不被修改。到底怎樣才能最大限度地保證軟件不被修改？怎樣才能保證算法註冊機不被輕易編寫？本節將對以上.Net 軟件保護中的兩個問題進行探討。

7.2.1　瞭解我們的對手——破解者採用的方法

由於軟件保護技術所帶來的商業利益，掌握軟件本身保護技

術的組織和個人都比較保守。而且，微軟.Net 出現時間也不算太長,.Net 軟件保護方面的資料就更加匱乏。因此許多軟件開發人員不得不自行摸索，導致在重複勞動中走著前人走過的彎路，耗費了大量的時間和精力去保護軟件產品，卻在破解者面前變得不堪一擊。進行軟件保護，瞭解破解者採用的攻擊手段是有必要的。根據是否對目標原軟件本身進行修改，破解分為兩類：

（1）不修改原軟件的破解

破解者分析了目標軟件的註冊碼算法後，製作出來的一種可以自動生成軟件註冊碼的程序。由於用這種方式破解的軟件和正版註冊的一模一樣，功能上沒有任何區別，所以它應該是最完美的軟件破解方式。

內存破解是先加載破解程序（內存註冊機），再通過它去讀取內存中軟件的註冊碼，或修改內存中軟件相關的某些數據（準確地說這種破解也修改了目標軟件）來達到破解軟件的目的。

（2）修改目標軟件的破解

這類破解是指通過修改原軟件代碼來跳過註冊碼驗證或時間驗證，基本上都是修改原程序的判斷語句，插入相應跳轉語句（指令），來跳過註冊檢查和相關驗證。

7.2.2　構建堅固的盾——防止軟件被破解的方法

防止軟件被破解的方法有下面幾種：

（1）採用序列號的軟件保護

當前的一些軟件保護技術中，序列號的保護機制是最為流行的。註冊過程一般是用戶把自己的私人信息（一般主要指名字）連同信用卡號碼或電子郵箱地址（往往也用於唯一標示用戶）告訴給軟件公司，軟件公司會根據用戶的信息計算出一個序列碼，在用戶得到這個序列碼後，按照註冊需要的步驟在軟件中輸入註冊信息和註冊碼，其註冊信息的合法性由軟

件驗證通過後，用戶就能獲得軟件的使用權。這種軟件保護實現起來比較簡單，不需要額外的成本，用戶購買也非常方便。

現有的序列號加密算法大多是軟件開發者自行設計的，大部分相當簡單。而且有些算法作者雖然下了很多的功夫，效果卻往往不甚理想。

軟件驗證序列號的合法性過程，其實就是驗證用戶名和序列號之間的換算關係是否正確的過程。其驗證最基本的方法有兩種。一種是按用戶輸入的姓名來生成註冊碼，再同用戶輸入的註冊碼比較，其公式表示如下：

序列號 = F（用戶名）

但這種方法等於在用戶軟件中再現了軟件公司生成註冊碼的過程，實際上是非常不安全的，不論其換算過程多麼複雜，解密者只需把你的換算過程從程序中提取出來就可以編製一個通用的註冊程序。

另外一種是通過註冊碼來驗證用戶名的正確性，公式表示如下：

用戶名稱 = F』（序列號）

這其實是軟件公司註冊碼計算過程的逆算法。

還有一種是：

F1（用戶名稱）= F2（序列號）

F1、F2 是兩種完全不同的的算法，但用戶名通過 F1 算法計算出的特徵字等於序列號通過 F2 算法計算出的特徵字，這種算法在設計上比較簡單，保密性相對以上兩種算法也要好得多。如果能夠把 F1、F2 算法設計成不可逆算法的話，保密性就會相當的好；可一旦解密者找到其中之一的逆算法的話，這種算法就不安全了。

以上採用的都是一元算法，目前業內已經提出並採用了二元算法並結合非對稱加密解密來進行註冊保護，但還未見到完整可行的資料介紹。下面是筆者的一種解決方案。該方案實現

步驟如下：

①假設用戶向軟件提供者提交了用戶信息（通常是用戶名）。

②軟件提供者用私鑰對「用戶信息」+「用戶唯一標示」後綴（用戶唯一標示後綴需要具有一定規律），得到特定值 FV。

③將特定值 FV 作為序列號返回給用戶。

④客戶端程序採用軟件提供者的公鑰（存在於客戶購買的程序中）對 FV 進行解密。

還原出「用戶信息」+「用戶唯一標示」後綴，然後進行驗證（比較用戶信息和驗證用戶唯一標示後綴的規律性）。

特定值 $FV = E_{Kpu}$（用戶信息，用戶唯一標示後綴）

（用戶信息，用戶唯一標示後綴）= D_{Kpr}（特定值 FV）

註：如果是註冊碼的形式，特定值 FV 與序列號之間應該還有一次二進制與字符串相互的轉換過程。

這方案使「用戶名稱」與「序列號」之間的關係變得非常複雜，就連軟件開發者在不知道丟失了私鑰的情況下要想開發出軟件註冊器都幾乎不可能。這種情況下，對於破解者來說，經過多次信心的考驗後他可能會考慮放棄編寫註冊碼生成器的想法，轉而採用對目標軟件修改或是內存補丁的方法對目標軟件（程序）實施攻擊，相應的對策將在下一節討論。

（2）強密碼軟件保護

過去有一段時期，開發人員編寫的代碼始終在一臺電腦上運行，幾乎沒有人能獲得它的副本，也不用擔心它會被人修改。今天，尤其是商品化的軟件，很難保證發布出去的軟件明天不被人修改後用於其他目的。

現代密碼學強調，一個密碼系統的安全性在於密鑰的保密性，而不在算法的保密性。對純數據的加密的確是這樣。對於你不願意讓他看到這些數據（數據的明文）的人，用可靠的

加密算法，只要破解者不知道被加密數據的密碼，他就不可解讀這些數據。

但是，軟件的加密不同於數據的加密，它只能是「隱藏」。不管你願意不願意讓他（合法用戶或破解者）看見這些數據（軟件的明文），軟件最終總要在機器上運行，對機器，它就必須是明文。既然機器可以「看見」這些明文，那麼破解者，通過技術手段，也可以看到這些明文。從理論上講，任何加密軟件都是可以破解的，只是破解的難度不同而已。所以，軟件保護（從技術角度）就是增加破解者的破解難度。接下來要做的是保護我們的軟件不被篡改。提到保護軟件不被篡改，對.NET稍有瞭解的人馬上會提到採用強名稱（Strong Name）。

微軟許諾說，強名稱可以保護.NET程序集，防止其被篡改。在沒有進一步研究過這方面時，這個說法聽起來似乎很不錯。的確,.NET 的 Strong Name Identify Permission 類是.NET Frame Work 較好的創新之一。開發人員用私鑰來簽名自己開發的組件，要使用該組件的其他開發人員必須提供訪問該組件的公鑰作為他們訪問該組件的憑證，由 CLR 驗證該公鑰的有效性。

圖 7-3 是.NET 強名稱簽名的程序集：

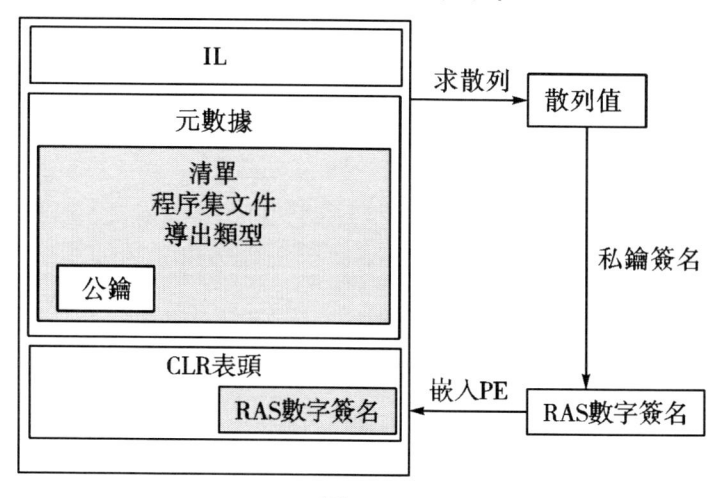

圖 7-3

對此，進行以下試驗：

步驟1：用 sn. exe 建立 2 個私鑰/公鑰對文件 testforSn. key、testforSn2. key；

步驟2：建立強名稱程序 sn_ test. exe（用 testforSn. key 的私鑰簽名）；

步驟3：用 ILDASM 反編譯 sn_ test. exe 為 sn_ test. exe. IL 源代碼，對 sn_ test. exe. IL 稍作修改後，用 ILASM 匯編生成 sn_ test2. exe，運行 sn_ test2. exe 出現強名稱驗證失敗對話框；

步驟4：對第 3 步生成並修改的 sn_ test. exe. IL 用 ILASM 匯編並加上 testforSn. key 的私鑰簽名，生成 sn_ test3. exe，運行通過，所作修改生效；

步驟5：對第 3 步生成並修改的 sn_ test. exe. IL 用 ILASM 匯編並加上 testforSn2. key 的私鑰簽名，生成 sn_ test4. exe，運行通過，所作修改生效；

結論：.NET 提供的強名稱機制，只是起到一種唯一標示程序集的作用，並不能保護程序集不被篡改。

（3）用非對稱加密技術來建立軟件註冊保護機制

1976 年，美國學者迪米（Dime）和亨曼（Henman）為解決信息公開傳送和密鑰管理問題，提出了一種新的密鑰交換協議，允許在不安全的媒體上的通訊雙方交換信息，安全地達成一致的密鑰，這就是「公開密鑰系統」。相對於「對稱加密算法」，這種方法也叫做「非對稱加密算法」。與對稱加密算法不同，非對稱加密算法需要兩個密鑰：公開密鑰（Publickey）和私有密鑰（Privatekey）。公開密鑰與私有密鑰是一對，如果用公開密鑰對數據進行加密，只有用對應的私有密鑰才能解密；如果用私有密鑰對數據進行加密，那麼只有用對應的公開密鑰才能解密。因為加密和解密使用的是兩個不同的密鑰，所以這種算法叫做非對稱加密算法。在微軟的 Window NT 的安

全性體系結構中，公開密鑰系統主要用於對私有密鑰的加密過程。每個用戶如果想要對數據進行加密，都需要生成一對自己的密鑰對（Keypair）。密鑰對中的公開密鑰和非對稱加密解密算法是公開的，但私有密鑰則應該由密鑰的主人妥善保管。

使用公開密鑰對文件進行加密傳輸的實際過程包括四步：①發送方生成一個會話密鑰（對稱密鑰）並用接收方的公開密鑰對會話密鑰進行加密，然後通過網絡傳輸到接收方；②發送方對需要傳輸的文件用會話密鑰進行加密，然後通過網絡把加密後的文件傳輸到接收方；③接收方用自己的私有密鑰進行解密後得到會話密鑰；④接收方用會話密鑰對文件進行解密得到文件的明文形式。因為只有接收方才擁有自己的私有密鑰，所以即使其他人得到了經過加密的會話密鑰，也因為無法進行解密而保證了會話密鑰的安全性，從而也保證了傳輸文件的安全性。實際上，上述文件傳輸過程中實現了兩個加密、解密過程：文件本身的加密、解密與會話密鑰的加密、解密，這分別通過對稱加密、解密和非對稱加密、解密來實現。現在我們利用非對稱加密技術來解決強密碼體制遇到的安全保護問題：對於上面試驗的第4步，破解者是不可能實現的（除非他獲得了testforSn.key中的私鑰，而testforSn.key是軟件開發者嚴格保密的），他要做的就只能是在匯編時去掉強名稱或用新的私鑰簽名（比如testforSn2.key中的私鑰）。針對這一事實可以採用在軟件中檢查公鑰的存在性和真實性，即：①對公鑰分段並加密，分散存儲。②對分段加密存儲的公鑰在軟件中不同的位置進行驗證。

說明：為了增加破解的難度，可以考慮把①、②兩部分放入程序的應用邏輯中；在驗證發現錯誤後，並不立即拋出異常或是跳轉，只是更改應用邏輯，使應用邏輯最終不能得出正確結果。不過這樣做會破壞程序結構，給調試和維護都帶來不便。

由於 Visual Studio.NET（VS.NET）體系中，VB、Visual

C++以及 C#之類的編譯器把源程序編譯成 MSIL（MSIL 即 Microsoft Intermediate Language，中間語言，它在執行之前被即時（Just-In-Time Compile，JIT）編譯成為機器語言）。因為 MSIL 不與機器直接相關，使得它更容易被反匯編（逆向工程），反匯編的代碼也容易被讀懂。

本節通過對軟件註冊保護的分析，提出了非對稱加密方式註冊保護的具體解決辦法，可以有效防止破解者編寫註冊器。而這種註冊保護機制不僅限於.NET 軟件，其他平臺同樣適用。

由於.NET 程序採用中間語言的形式，使得代碼易於被反匯編，容易被破解者讀懂，這個問題還值得進一步研究。

7.3 雲計算環境下的電子商務服務外包數據安全問題研究

隨著計算機和互聯網的發展，信息時代到來了，與之同時，也帶來了很多的問題。現在正是一個信息爆炸的時代，數據每過一段時間就會增加一倍，個人計算機的能力已經不能滿足處理這些新增數據的需求，雲計算模式的出現恰好能處理這一問題。雲計算是由各種技術發展融合的產物。雲計算利用網絡把許多成本較低的計算實體組合成一個擁有極大計算能力的系統，使用軟件即服務、平臺即服務、基礎設施即服務、管理服務提供商等這些先進的商業模式，把超強的計算能力分給終端用戶使用。雲的定義和內涵有很多種，到目前為止，就能找到 100 多種對雲的定義。筆者認為雲計算以後會發展成為只要信號能傳輸到這裡，這裡就有雲的存在；只要擁有一個終端，就可以控制家裡的一切電器，檢測家裡是否安全的階段。

外包根據外包活動對象差異可分為製造業外包和服務外包。假如外包對象屬於某種零部件加工或組裝、總裝，則其是

製造過程外包；如果外包對象是服務，那麼這類活動外包則是服務外包。服務外包是指企業通過外包平臺把企業非核心或非主研技術外包給服務提供商來做，利用外部最優秀的專業團隊來承接這項服務，達到企業減少投入、降低成本、節約時間目的所形成的一種新型的外包模式。服務外包改變了以前企業只是通過內部調整的局面，使企業轉變為把這部分內容外包出去。1990年以後，互聯網的普遍性促使服務外包迅速發展。全球範圍內，不管任何企業都把自己的資金和人才集中於自己的核心競爭力部分，把非核心的部分外包給專業的團隊，使得外包行業迅猛發展、不斷成長。美國高德納公司（Gartner）認為服務外包是組成IT服務市場中的一部分，分為信息技術外包和業務流程外包。IDC公司認為服務外包市場包括IT服務市場和業務服務市場。畢博管理諮詢公司認為服務外包就是指企業將有限資源專注於其核心競爭力。例如雲外包數據就是數據擁有者把數據存儲外包給服務提供商。

隨著第三代互聯網的發展，數據安全成為制約雲計算發展的一個重要因素。在服務外包行業中，外包數據安全是衡量整個行業是否成熟和能否繼續發展的關鍵。在特定的情況下，雲計算相當於服務外包。雲外包是雲計算環境下服務外包的一種形式。這些都會成為雲計算環境下的服務外包的內容。服務外包主要提供的是數據外包服務，這一類外包模式的發展，意味著企業或個人對數據自我存儲管理減少投入，把更多的精力和資金都放在重要的部分，也意味著企業和個人完全依賴服務提供商，很容易受到威脅。在外包這些服務的時候，我們會涉及很多數據的問題，比如說數據的存儲問題、數據傳輸是否安全、數據訪問是否安全。雲計算存儲系統是一個數據中心，其特點是大量客戶連接、交互性高、對數據安全保障要求嚴格，對一些威脅數據安全的病毒、惡意軟件非常敏感，會對雲存儲中的數據流進行即時主動地檢測和防禦。服務外包要發展，數據安全問題就必須得到解決。要解

决這些問題，需要一定的時間，在這裡建議設計一個插件，該系統主要作用是安全防禦，既可以抵禦網絡攻擊、驗證身分，還可以記錄數據。服務外包數據存儲的安全分析雲計算環境安全中，最重要的就是數據存儲安全。在外包服務中，數據存儲安全也是企業選擇的一個重要指標。在數據外包中，所產生的數據都將記錄在雲環境中。數據的不安全就是用戶和服務提供商的不安全。下面我們將從外包數據存儲方式、外包數據內容、存儲介質和終端數據幾方面進行分析。

7.3.1 外包數據存儲方式安全

（1）雲計算數據存儲的方式

外包數據存儲方式安全包括以下內容：

雲存儲提供的可伸縮的數據服務無法清晰定義安全邊界及保護設備，給雲存儲的安全保護措施增加了難度。

雲環境下數據存儲的方式如圖 7-4 所示，雲用戶通過雲服務接口連結數據中心，對數據進行存儲。在數據中心，有多種類型的文件系統管理文件。

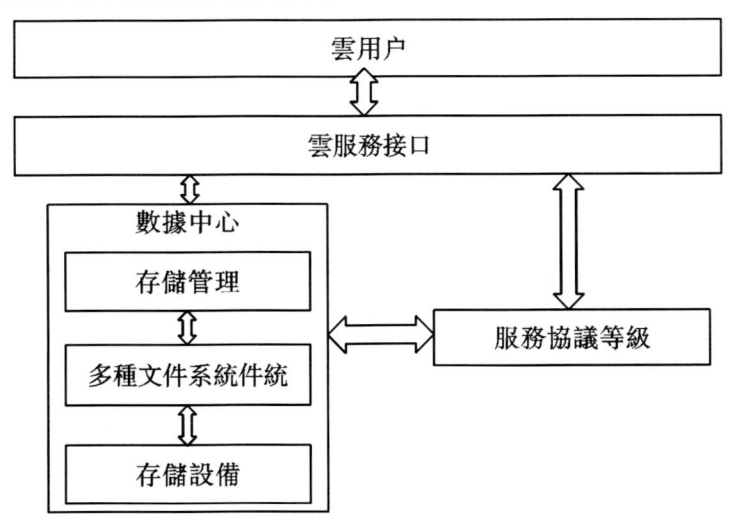

圖 7.4　雲環境下數據存儲機構體系

（2）雲計算環境服務外包數據存儲的模型

雲計算和雲存儲是當前最熱門的技術話題，雲存儲是未來計算機存儲技術的主要發展方向。雲存儲是通過分佈式文件系統和網格技術等功能，用應用軟件將連接在網絡上的大量的不同的存儲設備聯合起來，共同對外提供數據存儲和業務訪問功能的一個系統，如圖 7-5 所示。

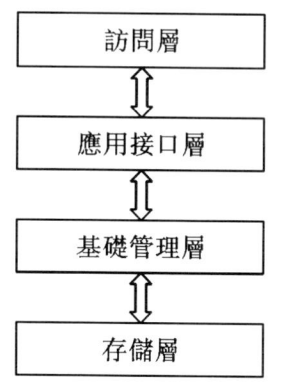

圖 7-5　雲數據存儲結構

雲存儲系統結構模型主要由以下四部分組成：①存儲層；②基礎管理層；③應用接口層；④訪問層。服務器是構建雲存儲的先決條件，服務器架構是雲計算的 IAAS（基礎設施即服務）的內容，目前並沒有形成統一的標準，可以用很多技術來實現。NAS 屬於一種分佈式架構的文件存儲系統，是松散結合型集群，一般能滿足以雲存儲為主導的環境需求，見下圖 7-6 所示。SAN 屬於一種集群架構的塊存儲系統，是緊密結合型集群，如下圖 7-7 所示。

對於這兩種架構，常用數據傳送方式有：①iSCSI，SAN 架構的數據傳送協議，單個的客戶端能使用服務器上的數據，其他客戶端不能看到其操作結果；②NFS/CIF，NAS 架構的數據傳送協議，使用其數據傳輸接口可以讓異構平臺之間形成數據共享；③FC，高速光纖通道，可以用於構造高速的雲存儲

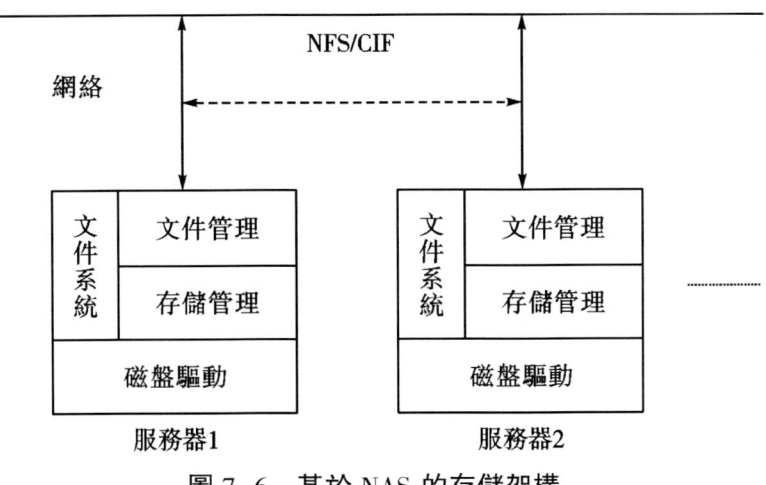

图 7-6 基於 NAS 的存儲架構

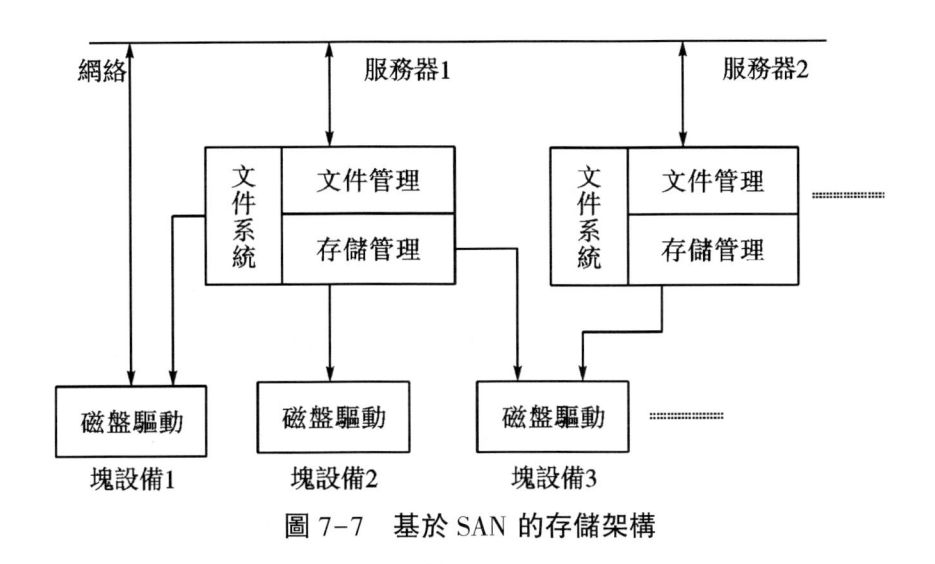

图 7-7 基於 SAN 的存儲架構

系統。

　　雲存儲主要有三種：①内部雲存儲，位於企業防火牆内，很像私有雲存儲；②公共雲存儲，這一類服務提供商可以保持用戶的存儲和應用的獨立性、私有性；③混合雲存儲，就是把上面兩種雲集合起來。現在服務外包數據存儲的方式一般都把兩者集合起來。這樣的做法雖然讓服務提供商降低了成本，但數據安全問題卻很嚴重。

數據存儲的安全性由兩部分組成：靜態存儲安全和動態存儲安全。靜態存儲安全是確保雲計算存儲系統上最終存儲數據的存放安全；動態存儲安全是確保在數據傳輸時的完整性和保密性。

（3）存儲介質安全分析

存儲介質包含硬盤、軟盤、網盤、數據庫和數據倉庫等幾種。硬件安全是數據安全的基礎，需要時時監測硬件的安全。

硬盤作為計算機最主要的存儲介質，是由一個至多個碟片組合在一起的，這些碟盤可以是鋁製的，也可以是玻璃制的，碟片外面有鐵磁性材料。硬盤一般都是固定硬盤，還有一部分是移動硬盤，這類硬盤固定在一個小盒子裡，方便攜帶。其存儲的數據的價值遠遠高於硬盤本身，因此硬盤的安全問題極其重要。除了保護硬盤本身的安全，還需要保護硬盤數據的安全。硬盤有被盜風險和人為（網絡、病毒、木馬）攻擊引起的硬盤損壞。這些問題都會造成數據的丟失和泄漏。

最早在個人計算機中使用的存儲介質是軟盤。經過軟盤驅動器的讀寫功能完成對軟盤的操作，向軟盤寫入數據或讀取軟盤中的數據。軟盤雖然讀寫速度很慢，空間也不大，但就當時來說，它的可攜帶性才是最重要的。軟盤是存儲和轉移小型文件的最有選擇。隨著信息的飛速發展，軟盤到目前已經很少使用，它的存儲量小導致它已經不適合當今社會需求。軟盤安全和硬盤安全一樣，都是害怕數據被攻擊而損毀和被盜風險。

網盤是一種能在網絡中存儲數據的工具，是網絡公司推出的在線存儲服務。網盤就是一個虛擬化的優盤，只存在於網絡之中，是一種雲服務模式，用戶一樣地可以對其中的數據進行訪問、存儲、備份、管理等。其不用隨身攜帶，更不用害怕丟失。網盤存在於互聯網中的雲服務，一般網絡安全問題它都存在。

數據庫是根據一定的數據結構，把數據存儲起來並對其數

據進行管理。對於數據庫安全，國內外沒有統一的定義。這裡國外的（C. P. Pfleeger）在「Security in Computing——Database Security. PTR, 1997」中對數據庫安全的定義最具有代表性，其被國外很多教材、論文和培訓所廣泛應用。他從以下方面對數據庫安全進行了描述：

①物理數據庫的完整性。數據庫中的數據不會因自然和物理原因破壞掉。

②邏輯數據庫的完整性。修改其中一個字段不會影響和破壞其他字段，保證數據庫的結構不會發生變化，影響數據庫的數據安全。

③元素安全性。每一個元素都是正確的，這樣才能保證數據庫中的數據不會出現安全問題。

④可審計性。用戶在使用數據庫的過程中，會不自覺地改動一些數據或者刪掉一些數據，而這些數據可能是不能修改的那一部分，這就需要我們可以跟蹤到使用並且修改了數據庫元素的用戶。

⑤訪問控制。針對不同的用戶需要設置不同的訪問權限，比如說公司高層需要能夠看到整個公司的狀況和機密文件，好對公司未來做出正確判斷，而公司員工不能擁有這樣的權限，否則可能會造成機密洩露。

⑥身分驗證。為了保障數據和用戶的安全權益，審計追蹤或對某數據庫的訪問都要進行標準的身分驗證。

⑦可用性。對於擁有使用權限的用戶，其能隨時調用訪問數據庫。

數據倉庫是在數據庫的基礎上發展起來的，數據倉庫與數據庫有著明顯的區別，數據倉庫就是一個倉庫，他會把所有的數據都存起來，並且這些數據是不能修改的。數據倉庫研究的關鍵在於向數據庫「鎮南關」獲取信息。其關鍵在於面向主題，有著集成性、穩定性和時變性等特徵。1990 年恩門（W.

H. Inmon）提出了數據倉庫。

數據倉庫的安全涉及許多方面，如圖 7-8 所示，將數據從操作型數據庫加載到數據倉庫的數據加載過程以及前端應用程序與 OLAP 服務器（或數據倉庫）間的通信都對網絡安全提出了要求。數據倉庫信息的安全和數據倉庫是一對矛盾體。為了數據的安全，我們依然要對數據倉庫的安全進行管理，保證數據擁有者的數據安全。數據倉庫中內容的安全和數據的訪問與其他任何信息處理環境一樣重要。在數據倉庫的建立過程中，每一步的安全都可能受到威脅。從數據倉庫的體系結構與資源組成來分析，數據倉庫的安全大致包括以下四個方面：實體安全；數據安全；軟件安全；運行安全。

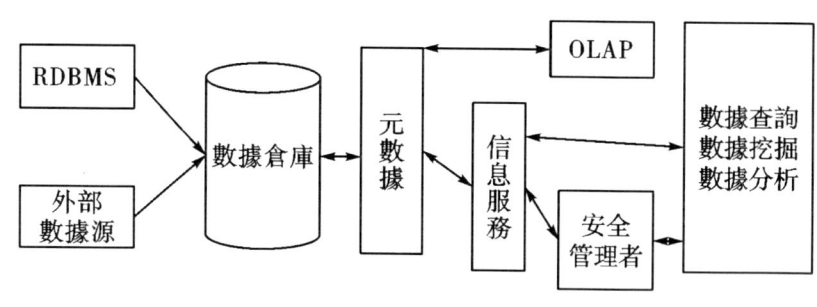

圖 7-8 基於元數據的數據倉庫安全模型

（4）安全終端數據存儲安全分析

首先是用戶—網絡接口功能組，這樣的終端很多，一般來說電器類的都可以成為終端。為了簡化結構，這裡把終端分為兩類：一是移動類終端，這一類終端體積下，方便攜帶；二是固定類終端，這一類因體積或者需要，不方便移動和攜帶，因此除了一般安全，還根據具體情況有各自不同的情況。

移動類網絡終端包括手機、IPAD 等很多可以移動的並且可以隨時連接網絡進行數據訪問的終端。而這類終端一般使用的是無線網絡技術，因此無線網絡的安全問題都是它的安全問題，另外還有一個問題，就是容易被盜。這一類終端受木馬和

病毒的威脅相對較小。無線網絡的開放性造成其很容易受到竊聽和主動干擾等攻擊。無線網絡沒有一個明確的邊界，會引起數據安全問題。而移動性也讓安全管理難度更大。移動類終端不但可以在很大範圍內移動，而且還可以跨區域使用，這增加了對接入節點的認證難度，比如移動通信網絡中的接入認證問題。移動節點沒有足夠的物理防護，從而易被竊聽、破壞和劫持，那麼數據安全就不能得到保障。移動終端使用的無線網絡一直存在很大的安全問題，其動態變化的拓撲結構是安全方案難以實施的。移動類終端可能導致數據丟失，因為無線網絡的穩定性不好或者是訪問爭搶都可能出現這種情況。移動類終端因其的可移動性引起被盜風險而造成數據洩露。

固定類網絡終端一般採用的是有線網絡技術，那麼其就跟無線網絡的安全問題不一樣了，有線網絡有一個固定的防禦邊界，邊界是可以界定的，那麼其存在的安全就是物理安全和其他安全。固定類終端害怕受到自然威脅，比如說電力問題和自然災害等這類可能引起硬件安全的威脅。非授權訪問是固定類終端安全的大問題。非授權訪問指具有一定的計算機編程操作能力，並且能熟練地使用一些技巧來獲得一些非法和未授權的操作權限侵入他人的網絡，達到某種目的，或以這個網絡作為跳板取得更高一級的訪問權，竊取機密和破壞數據的人。木馬程序和病毒威脅，是使用有線網絡一直需要防護的問題。這類安全問題很容易造成數據丟失和數據洩露。因此檢測網絡安全非常重要。

7.3.2 服務外包數據訪問的安全分析

數據擁有者通過網絡連接服務提供商訪問數據。那麼在訪問前、訪問過程中、訪問後都會存在數據安全問題，比如訪問時的網絡安全，是否被監聽等問題。分析訪問安全需要從數據安全入手。

數據訪問是應用程序連結到數據源訪問數據的一種行為。在使用很多應用程序的時候都需要用到數據，數據的來源有很多，比如本地來源、網絡來源等，用戶通過中間代碼或中間件進入數據源，並且取出數據後送到應用程序來處理。

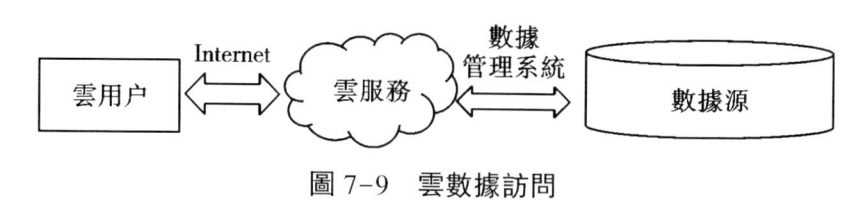

圖 7-9　雲數據訪問

如圖 7-9 所示：雲用戶通過 Internet 連接雲服務提供商，調用服務外包的數據。

在圖 7-9 中用戶需要通過網絡連接雲服務提供商獲取和使用數據，因此網絡安全的一般問題都是數據訪問安全需要注意的。還有就是數據不是把握在用戶自己手中，存在更多的安全問題。

外包數據安全有下面七種風險：①數據隔離風險。因為對雲計算的不可控制性，所以用戶可以訪問雲計算的數據但不能對雲計算中的數據進行控制。要做到不同的用戶數據之間的有效隔離，防止非法訪問數據，造成數據安全。②數據訪問風險，對數據的訪問所帶來的風險。數據訪問有這些基本操作：讀取數據、解密數據、加密數據、刪除數據和備份數據。這些操作都會帶來風險。③數據的可用性及數據恢復風險。雲中數據會受到自然和人為的威脅，比如黑客攻擊、洪水等。④數據的完整性風險。對於惡意攻擊與病毒感染，主要防護存儲數據和傳輸數據的完整性。⑤數據保密性風險。存儲數據的保密性、傳輸數據的保密性、控制數據的保密性遭受破壞帶來的風險。⑥數據殘留風險。不徹底刪除數據和硬盤設備維修和報廢都能導致機密數據洩露，引起安全問題。⑦用戶隱私風險，指用戶身分相關的關鍵數據，如用戶口令、姓名、銀行帳號等洩

露帶來的風險。

在訪問數據的過程中，用戶需要對數據進行一系列的操作才能完全得到想要的數據，如圖 7-10 所示，用戶提取數據、使用數據到存儲數據這個過程中，數據將受到這幾方面的威脅：讀取數據的風險、加密數據的風險、解密數據的風險、刪除數據的風險、備份數據的風險。

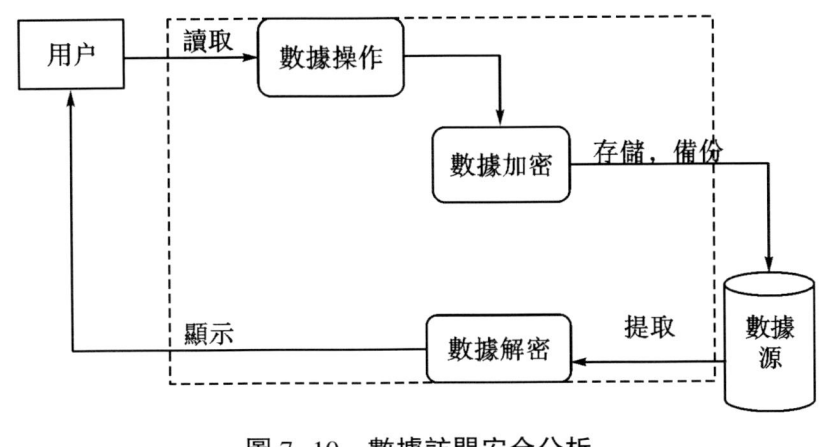

圖 7-10 數據訪問安全分析

①讀取數據帶來的風險。數據讀取安全有在不知的情況下被偷看的風險（即人為風險），和在終端留下痕跡讓別人有跡可循、被盜的風險。

②加密數據帶來的風險。數據加密有很多種算法，因為算法的不一致性或者算法洩露都會對數據安全造成危險。

③解密數據帶來的風險。數據解密可能造成密鑰泄漏，被有機可乘，造成安全問題，或者解密過程中數據被破壞。

④刪除數據帶來的風險。如果刪除數據不徹底，別有用心的人通過恢復技術可以恢復數據，達到盜用數據的目的。或者刪除了機密數據，又不能恢復。刪除數據可能會不自覺地影響到數據源裡的數據內容，因此在刪除數據的時候一定要注意。

⑤備份數據帶來的風險。很多情況下，數據備份是必須的，但有的數據不能隨便備份，比如國家機密、商業機密，這

些都是不能隨意外傳的。備份時不注意安全都可能造成機密洩露，引發安全問題。

7.3.3 服務外包數據傳輸的安全分析

用戶通過網絡完成與服務商之間的數據傳輸，因此網絡安全威脅也是數據傳輸安全的一部分。數據傳輸主要依靠信號傳輸，服務外包數據作為一種數據，同理，服務外包數據傳輸方式也是依靠信號傳輸。數據採用哪些方式在網絡中運行是我們找出安全隱患的重要支撐。目前，雲計算環境下的數據傳輸主要是依靠網絡傳輸。在網絡傳輸過程中，我們會面臨哪些安全問題？

（1）服務外包數據傳輸方式分析

服務外包數據傳輸主要依靠信號傳輸。雲計算環境下網絡數據有高效的傳輸效率和很少的連線，當部分節點出現問題仍能完成數據傳送，這可以成為自愈能力。計算機網絡的發展為雲計算提供了數據傳輸基礎。數據傳輸方式有四種：一是基帶和頻帶傳輸；二是通信路線連接方式；三是線路通信方式；四是同步傳輸與異步傳輸。

基帶傳輸是在信道中直接傳送基帶信號。通過對信號的調制，把信號變成可以在電話網絡中傳輸的模擬信號，到達端口時再還原回來，這就是頻帶傳輸。寬帶傳輸就是由頻帶傳輸發展而來。目前國家傳輸網絡數據基本上是使用寬帶傳輸，寬帶傳輸的大小為 0～400Mb/s，通常使用的傳輸速率是 5～10Mb/s。

通信線路連接方式有兩種，一種是點對點連接，另一種是分支連結。點對點即是主計算機與用戶終端直接連接和主計算機與主計算機直接連接。分支式連接有集中式和非集中式，有一條線路連接兩個以上端點構成通信的方式。目前我們一般不採用這兩種連接方式。

外包數據在通信線路上傳輸是有方向的，根據數據在傳輸過程中的方向和特點，線路通信方式可分為五種：單工通信、半雙工通信、全雙工通信、並行數據傳輸和串行數據傳輸。目前使用最多的就是全雙工通信。並行數據和穿行數據的傳輸方式是不一樣的，並行數據成本很高，目前一般不使用；而串行數據成本低，大多數網絡都是採用的串行，但速度慢。

同步傳輸採用的是按位的同步技術。同步傳輸由數據時鐘控制數據的傳輸，沒有開始位和結束位。同步傳輸的要求很高，成本也很高，以後會採用這種傳輸方式。異步傳輸是一種很常用的傳輸方式。異步傳輸在發送字符時，發送端任意發送，接受端必須得隨時準備接受。異步傳輸的優點就是通信設備簡單、便宜，但傳輸效率較低。目前中國大多數網民用網絡都採用的是異步傳輸方式。

（2）服務外包數據傳輸安全分析

雲計算服務外包數據通過網絡傳輸數據，雲用戶通過網絡連接雲服務系統，訪問數據。因此傳統網絡上的安全威脅也存在於雲存儲系統上，數據傳輸安全受到以下幾方面的威脅。

①能直接或間接威脅網絡安全的自然災害，能影響數據的傳輸和交換。比如說數據傳輸過程突然沒電了，那麼數據不能完全傳輸，有可能破壞數據結構造成數據無法使用。自然威脅只能做日常維護和時時監測來防範和進行數據備份處理。

②非授權訪問指具有一定的計算機編程操作能力，並且能熟練地使用一些技巧來獲得一些非法和未授權的操作權限侵入他人的網絡，達到某種目的或以這個網絡作為跳板取得更高一級的訪問權，竊取機密和破壞數據。

③從計算機被入侵開始，後門被黑客用來作為一種再次進入某個系統或計算機的不被限制的技術。木馬程序就是其中一種典型的方式。現在的木馬程序可以不依附在文件上也可以存在，可以通過木馬程序控制對方計算機達到某種目的或破壞曝

光數據。

④計算機病毒通常只具有一定破壞力的能夠無限制地複製的程序或代碼，這類代碼能夠在計算機裡面破壞計算機系統和硬件設施。這些病毒能通過計算機對計算機造成破壞和通過網絡發起網絡攻擊，引起網絡受限。

7.3.4 外包數據安全插件的設計

服務外包數據安全分析決定了安全插件設計內容，筆者對數據安全有一定的瞭解和分析，從這兩個方面對插件進行設計：①插件功能。插件功能是安全插件設計運行的方向，一切圍繞實現這些功能來設計。②插件設計。插件設計包含了三個部分：安全模型設計、插件架構設計、插件顯示設計。

（1）插件功能分析

如圖 7-11 所示，插件功能如下：

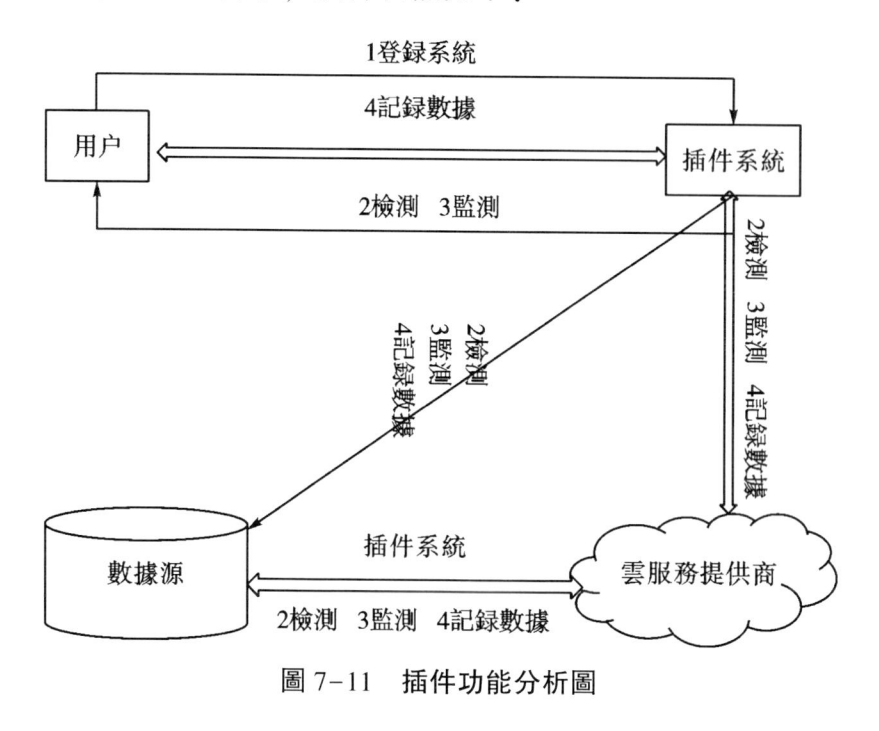

圖 7-11　插件功能分析圖

①登錄功能。只有使用此插件登陸才能使用雲服務提供的數據外包服務。數據外包對數據的安全性要求極高，數據安全是否得到解決是整個雲計算能否繼續向好發展的一個關鍵。那麼既然是服務，就需要有專業的端口進行服務，而不是任意的不負責任的隨意使用，我們要對自己的數據負責。

②檢測功能。插件必須具有檢測功能。基本上每個插件都有這個功能，當然不同的插件對檢測的功能要求不一樣。比如說 u 盾，這是銀行使用的高級安全插件，這就要求安全性極高，需要檢測網絡環境安全。

③監測功能。我們需要監測用戶和服務提供商的權限，一旦發現問題好及時做出正確的判斷。

④記錄功能。有時候我們可能會忘掉一些自己做過的事情，引起不必要的麻煩，那麼我們就需要一個數據記錄功能。當然，這項功能不能記錄完全的數據，只是記錄一點數據的關鍵詞或主題，避免因為這個出現數據洩露的問題。

⑤設置防火牆功能。服務提供商和用戶雙方都擁有防火牆，防止非用戶盜用或占用數據和網絡。

⑥只有安裝了此插件的用戶才能使用數據⑥，保證數據提供商不隨意提供數據，影響數據安全。

⑦檢測數據是否正常傳輸。如果數據出現異常或數據不按照規定的方式進行傳輸，我們就要注意是否出現問題，及時解決。

（2）插件設計

設計成一個系統模型和硬件基礎，這個可以考慮其中的前一種方式或兩者結合，做成一個雙向驗證的方法，類似銀行 u 盾系統。

安全模式設計

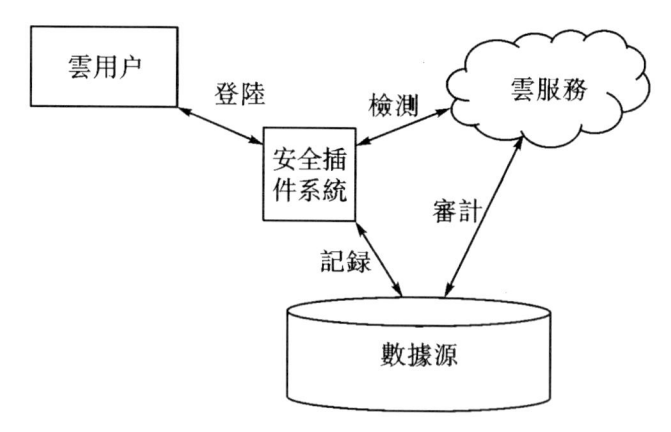

圖 7-12　安全插件模式圖

如圖 7-12 所示，服務外包數據安全插件系統，可以檢測三方的安全性。

用戶安全包含了用戶權限安全、計算機安全和網絡環境安全。用戶權限安全就是檢測用戶的使用權限是否正常、對數據的使用權限是否完整。計算機安全就是可以檢測用戶計算機是否被安裝了木馬，是否受病毒威脅。網絡安全就是網絡的連通性是否正常、網絡傳輸是否異常、是否存在網絡病毒等很多安全問題。

服務商安全包含權限安全、系統安全。服務商權限安全就是服務提供商對數據的監測和是否擁有使用數據的權限。系統安全就是服務商的服務系統是否正常。

監測數據存儲安全。記錄數據使用記錄，分析是否存在不明來源的數據調用和修改。保證數據源的安全，對數據安全威脅及時做出判斷和防禦。

插件架構設計

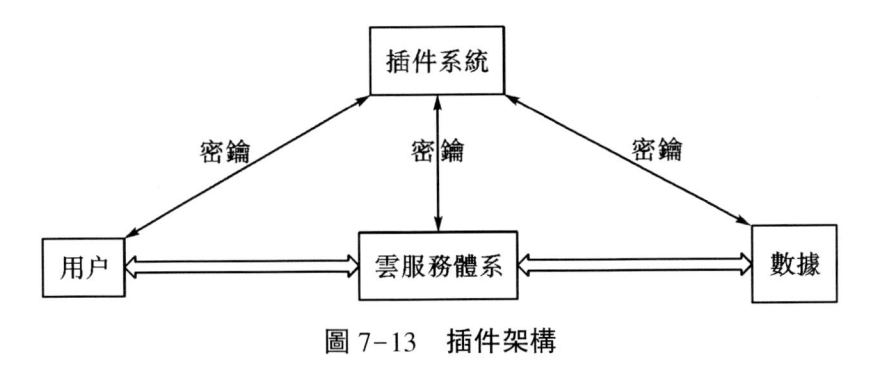

圖 7-13　插件架構

　　整個插件系統完全實現，可能需要兩部分組成。一部分是核心系統，這部分內容是整個插件能否實現的關鍵。在設計此插件時要考慮很多因素，包括整個網絡環境、服務提供商、法律、隱私等很多問題。這個插件能否實現，離不開眾多因素的支持。另外一部分就是安全密鑰，這個是保證使用者權限的根本。如圖 7-13 所示：通過密鑰連接插件系統，並用插件系統監測整過過程的數據安全。

　　對外顯示設置就是插件系統一個外在形象。需要插件設計成更方便使用的樣式，所以對於插件顯示設計需要考慮的內容很多，比如說：我們需要直觀地瞭解什麼，如有那些人使用了那些數據；做成一個表單形式，那麼這個表單可以給那些人看，或者全部都可以看，這都是需要做詳細的分析的。

　　綜上所述，服務外包數據安全可以從以下幾方面入手。一是數據存儲安全。這也是數據擁有者把數據外包給服務提供商的一個總要思量。二是數據傳輸安全。客戶把數據外包給服務提供商和客戶在調用數據的時候都要考慮數據的傳輸安全，也就是網絡安全。三是數據訪問安全。若客戶能訪問自己外包的數據，那麼是否有其他使用者也能訪問此數據。這些都是服務外包數據必須解決的問題。本書通過從這幾方面入手，設計可以監測這幾方面安全問題的插件來提高外包數據的安全，以促

進服務外包行業的發展。

在本次設計過程中，有很多問題依然不能得到解決。一是雲計算到目前都是一個爭議的主題，沒有一個明確的定義。在此情況下，雲環境下的服務外包也就不能直接定義了，這造成了本次分析的不全面。二是分析內容不完善，如果不是篇幅原因和時間不夠，本書將會從雲計算環境、服務外包模式、數據擁有者和服務提供商權限、整個服務外包過程等幾個大方面進行分析，才能完成一個完善的安全插件系統，這將是下次論文或研究會做的。三是插件系統的設計。在筆者用網銀的時候發現，我們是否也需要一個這樣的安全系統來保護雲計算環境下服務外包數據的安全？四是服務外包數據安全這個需要具體問題具體分析，有的數據安全性要求高，有的數據可以直接共享，這些數據都是需要區分對待的。這些問題將是以後研究的方向和重點。未來服務外包行業要發展，必須把數據安全做好，這些都需要法律、法規來約束和一個專門的安全插件系統來監測和預防數據安全問題。隨著外包行業的發展，安全插件系統的出現將改變整個服務外包市場。

參考文獻

［1］Bruce Schneier. 應用密碼學［M］. 吳世忠，祝世雄，張文政，等，譯. 北京：機械工業出版社，2000.

［2］John Paul Muller. .NET 開發安全解決方案應用編程［M］. 魏海萍，倪健，黃瑋，等，譯. 北京：電子工業出版社，2004.

［3］Jeffrey Richter. .NET 框架程序設計［M］. 修訂版. 李建忠，譯. 北京：清華大學出版社，2003.

［4］段鋼. 加密與解密［M］. 第二版. 北京：電子工業出版社，2003.

［5］吳德本. 雲計算綜述［J］. 有線電視技術計算機應

用, 2012 (3).

[6] 李志群, 朱曉明. 中國服務外包發展報告 (2007) [M]. 上海: 上海交通大學出版社, 2007.

[7] 科斯, 哈特, 斯蒂格利茨, 等. 契約經濟學 [M]. 李風聖, 譯. 北京: 經濟科學出版社, 1999.

[8] 鬱德強, 王燕妮, 李華. 一種基於雲計算的服務外包模式: 雲外包 [J]. 情報理論與實踐, 2012.

[9] 劉建毅, 王樅, 薛向東. 雲存儲安全分析 [J]. 中興通訊技術, 2012.

[10] 王德政, 申山宏, 周寧寧. 雲計算環境下的數據存儲 [J]. 計算機技術與發展, 2011, 21 (4).

[11] 拓守恒. 雲計算與雲數據存儲技術研究 [J]. 電腦開發與應用, 2010, 23 (9).

[12] 吳溥峰, 張玉清. 數據庫安全綜述 [J]. 計算機工程, 2006, 32 (12).

[13] Inmon W. H. Building the Data Warehourse [M]. 王志海, 譯. 北京: 機械工業出版社, 2000.

[14] 王子高, 馬豔鋒. 數據倉庫安全模型分析 [J]. 微型機與應用, 2004 (1).

[15] 任偉. 無線網絡安全問題初探 [J]. 理論研究, 2012 (01).

[16] 袁劍鋒. 計算機網絡安全問題及其防範措施 [J]. 中國科技信息, 2006 (15).

[17] 張文科, 劉桂芬. 雲計算數據安全和隱私保護研究 [J]. 信息安全與通信保密, 2012.

[18] 王潔萍, 李海波, 宋杰, 杜宇建. 雲數據存儲和管理標準化研究 [J]. 信息技術與標準化, 2011 (09).

[19] 梁彪, 曹宇佶, 秦中元, 張群芳. 雲計算下的數據存儲安全可證明性綜述 [J]. 計算機應用研究, 2012.

［20］胡剛林，陶敏龍. 雲計算環境下數據訪問安全性研究［J］. 邵陽學院學報（自然科學版），2011.

［21］MELL P, GRANCE T. The NIST Definition of Cloud Computing［R］. National Institute of Standards and Technology, 2011.

［22］佚名. Cloud Computing［EB/OL］. http：//en. wikipedia. org/wiki/Cloud_ computing.

［23］佚名. 智慧的地球——IBM 動態基礎架構白皮書［EB/OL］. http：//www. ibm. com/.

［24］佚名. Above the Clouds：A Berkeley View of Cloud Computing［EB/OL］. http：//www. eecs. berkeley. edu/Pubs/TechRpts/2009/EECS-2009-28. html.

［25］BuyyaRajkumar, CheeShinYeo, SrikumarVenugopal. Market-oriented Cloud Computing：Vision, Hype and Reality for Delivering IT Servicesas Computing Utilities［C］//Proc of the 10th IEEE International Conference on High Performance Computing and Communications, 2008.

［26］陳國良，孫廣中，徐雲. 並行計算的一體化研究現狀與發展趨勢［J］. 科學通報，2009，54（8）.

［27］司品超，董超群，吳利，張超容. 雲計算：概念，現狀及關鍵技術［C］//2008 年全國高性能計算學術年會論文集，2008.

［28］佚名. 2009 中國雲計算發展狀況白皮書［J］. 計世資訊，2009.

［29］佚名. Open Cloud Manifesto［EB/OL］. http：//www. opencloudmanifesto. org.

第 8 章

移動支付安全

8.1　基於 WPKI 的移動支付安全

　　隨著移動電話、平板電腦等無線終端設備的逐漸普及以及無線網絡的發展和進步，電子商務開始進入移動電子商務時代，移動電子商務已成為一個重要的電子商務模式。消費者可以不受時間和地點的約束，使用手機、平板電腦和其他無線設備，在互聯網上進行銀行帳戶管理、購物和其他交易活動。支付方式隨著科技的進步也發生了變化，移動支付開始慢慢出現在公眾面前。移動支付具有方便快捷的特點，幾乎不受時間和空間的約束，在網絡可用的前提下，用戶只要有一部移動電子設備，就可以進行線上交易或者其他理財活動，用戶可以因此而享受到移動支付為其帶來的便利。

　　然而，新事物在發展過程中總會產生一些問題。移動支付的市場規模雖然在不斷擴大，但這過程並非一帆風順，因為信息在無線網絡的傳輸過程中，可能會有一些風險產生，越來越多的安全問題需要移動支付系統去解決和完善。雖然移動支付業務在不斷地改進並得到廣泛應用，但移動支付的安全問題已

然成為制約其繼續發展的瓶頸。從 2013 年年初到 2014 年年初，移動支付業務遭受到越來越多的惡意攻擊，受害者損失比過去多很多，移動支付的安全性已經成為其發展過程中面臨的最大問題。

怎樣解決移動支付的安全問題，提供一個安全性高、效能好的電子商務平臺？這個問題成為移動電子商務基礎設施的重要組成部分，並成為公眾關注的焦點。利用公共密鑰基礎設施可以有效地解決風險問題，WPKI（公開密鑰體系）就是為了滿足無線通信的安全需求，根據無線網絡環境的特點，在有線PKI 基礎上進行優化發展而來的。WPKI 能夠有效地對移動電子商務進行密鑰管理和加密，讓移動支付變得更安全、更便捷。本章提出了基於 WPKI 的移動支付平臺來確保支付的安全性，通過對 WPKI 系統架構的分析，發現 WPKI 技術所提供的服務能夠保障移動支付具有較好的安全性，可以解決一些潛在的安全問題，打造一個安全可靠的移動支付平臺。

8.1.1 移動支付現狀分析

移動支付是消費者在網絡環境下利用手機、平板電腦等設備對自己所需的服務或產品進行在線支付的一種支付方式。移動支付以網絡和移動電子設備為主要支撐，支付資金主要來自銀行卡帳戶。

移動支付業務在發達國家，尤其是日本、韓國等國家都得到了大規模的應用，而在中國其目前則是高速發展和推廣階段。2008 年，中國移動支付用戶只有 2,829 萬人，經過六年的發展，2013 年中國的第三方移動支付用戶數已達到了 1.36 億，如圖 8-1 所示。

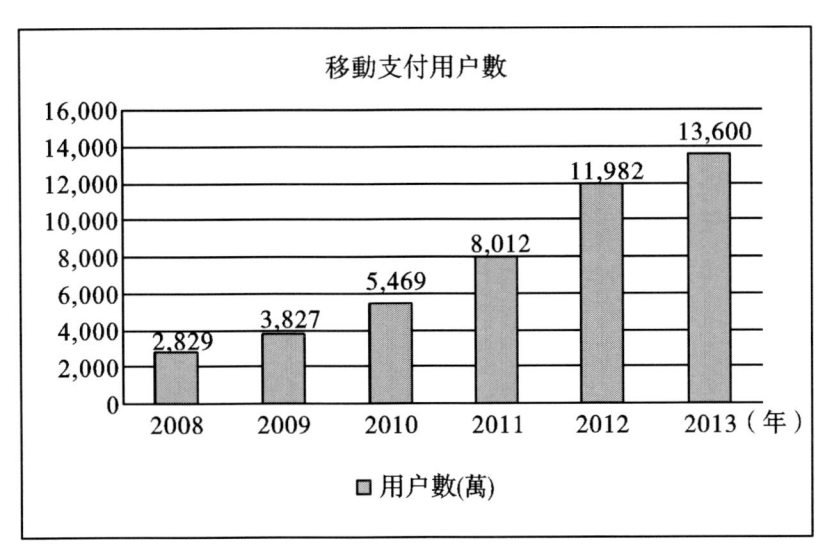

图 8-1 移動支付用戶發展圖

随著智能手機的不斷普及，人們越來越多地使用移動支付業務，近幾年移動支付交易額呈現快速增長。2008年，中國第三方移動支付市場規模約為242億元，到2013年，移動支付市場規模已經超過3,000億元，預計未來仍會持續增長，如此大的交易額，需要強有力的技術保障其安全，如圖8-2所示。

圖 8-2 移動交易額發展圖

移動通信技術、互聯網技術和其他技術共同創建了移動支付業務，移動支付業務的多樣性服務推動了其快速發展。移動支付主要提供以下服務：①銀行業務。用戶通過移動電子商務可以方便快捷地在線進行個人理財服務，並逐漸完善網上銀行系統。隨著移動支付產業的不斷壯大，銀行推出了手機銀行業務，手機銀行是銀行和移動營運商合作的產品，用戶可以綁定自己的電話號碼和銀行卡號，通過手機上網、手機短信等移動通信技術傳達支付帳戶等交易信息。②交易購物。通過移動通信設備，用戶可以進行網絡交易，如預定旅店、食品、生活用品等。移動支付可以改善傳統購物方式。移動營運商推出的手機錢包，可以讓用戶預先存儲手機話費，再用話費進行消費，移動營運商將為用戶提供付款帳戶，用戶需要提前為該帳戶存入費用，否則不能進行消費，用戶也可以通過手機卡直接用手機話費支付交易費用。用戶可以使用具有支付功能的移動電子設備在商場進行購物，通過手機錢包可以輕鬆購買電影票、景點門票和團購服務，但其消費額是有限的，使用者的消費額不能超出預存的費用，所以，手機錢包不適用於大額消費。③第三方支付服務。對於網絡上的第三方支付平臺，經常網購的消費者一定不會感到陌生。第三方移動支付服務是在移動電子設備上使用的第三方支付平臺。由於3G（第三代移動通信技術）網絡被廣泛使用，傳統網絡應用正迅速轉移到移動電子設備上，同樣，第三方移動支付服務也是從互聯網延伸到移動電子設備的範例，只要手機或者平板電腦能夠聯網，就可以像在PC（個人計算機）上那樣進行交易和支付。

移動支付讓現代人的消費變得更加便利與快捷，但由於移動支付本身存在瓶頸，再加上諸多因素的影響，移動支付並沒有達到盡善盡美的地步，移動支付在為我們帶來便利的同時，也隱藏了許多安全隱患。相關數據顯示，對移動支付的安全性缺乏信任的國內消費者達到40%，拒絕通過移動網絡發送自

己的信用卡信息的手機用戶多達65%，而完全信任移動支付的手機用戶不足15%。制約移動支付業務發展的主要因素就是其安全問題。許多用戶不僅擔心個人財產的安全問題，同樣還擔心用戶個人資料的洩露問題。

一般手機加密技術較弱，在支付過程中數據的保密性和安全性得不到保障，這將嚴重影響移動支付業務的發展，通過黑客的釣魚網站或者木馬病毒等手段，用戶信息可能會被竊取，從而危害用戶的個人信息安全。移動設備可能會丟失和被盜，而往往移動設備又會跟銀行卡相綁定。這意味著其他人將看到電話中的數字證書等重要文件，移動設備的持有人可能訪問內部網絡和文件系統，並進行移動支付。

參與支付業務各方的身分識別也是移動支付亟需解決的問題，如消費者和企業合法身分的確認。目前，中國法律對於用戶隱私保護、身分認證等安全問題並沒有完全規範化，需要有關部門進一步完善。

為了進一步加強信用體系，可以將小額支付業務與手機話費進行綁定，但是手機話費可能會欠費，導致用戶無法進行移動支付活動，所以移動營運商應促進電話號碼實名制管理。

移動支付業務是在無線網絡環境下進行的。無線網絡是一個開放的環境，它可以為用戶帶來便利和自由，但同時也產生了一些不安全的因素，如用戶的合法身分被竊取、通信的內容被竊聽、數據的完整性被破壞、互聯網漫遊被威脅、無線通信標準被攻擊、交易雙方的身分被偽造和通信內容被篡改等。

商戶、銀行、認證中心、移動支付服務提供商、用戶以及其他元素共同構成了移動支付系統，移動支付系統的產業鏈如圖8-3所示。此外，移動網絡服務商、移動網絡營運商、信用卡服務及其他機構也會與該系統產生業務。移動支付產業鏈是複雜而龐大的，安全問題不僅只關係到其技術本身的安全，還要考慮到在與其他系統進行信息傳遞時是否能確保安全。

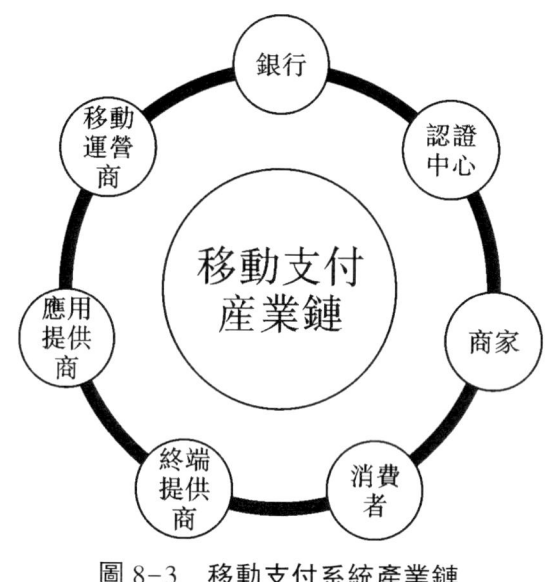

圖 8-3　移動支付系統產業鏈

8.1.2　WPKI 組成分析

PKI 是具有一定標準的密鑰管理平臺，是為網絡應用提供數字簽名和加密等服務及所需證書和密鑰的管理系統。它包含服務、標準和協議，用來支持公共密鑰加密的程序，也用來管理、產生、存儲和撤銷公鑰證書。

WPKI 即無線公鑰基礎設施，是傳統的 PKI 技術在無線環境中的擴展，它將互聯網電子商務的 PKI 安全模式引入到無線網絡環境中。WPKI 也是遵循一定標準的證書和密鑰的管理系統，在移動網絡環境下，用於管理數字證書和公鑰的使用，為構造安全可靠的無線網絡環境創造條件。

（1）WPKI 的構造

WPKI 結構類似 PKI 系統，一般 WPKI 由以下幾部分構成：WPKI 客戶端、註冊機構 RA、認證機構 CA、證書數據庫和應用程序接口等。WPKI 主要圍繞這些系統進行構建。

作為 WPKI 的核心部分，認證機構 CA 是負責發放和管理

數字證書的第三方信任機構。在移動交易過程中，CA是受信任的第三方，主要負責檢驗公鑰體系合法與否，同時對數字證書進行驗證和發放，並規定證書的有效期，發布證書吊銷列表。

為了確認用戶身分，需要制定具體的實施步驟，還要對用戶證書進行簽名，從而驗證公鑰的所有權和證書持有者的身分，公鑰的使用者會得到認證中心為其頒發的一個數字證書，數字證書可以證明證書中的公鑰被證書中的用戶合法擁有。CA認證機構的數字簽名使證書得到保護，從而避免被攻擊者篡改和偽造。

註冊機構RA是CA功能的一部分，RA為認證機構CA和用戶之間提供聯繫。RA在認證機構中作為驗證者，在給申請者發送數字證書之前，會對證書進行驗證。但是，簽發證書的私鑰只能在認證機構CA中，RA不可以包含私鑰。

數字證書庫就是一個公共信息庫，其中存儲著已經簽發的公鑰和數字證書。用戶可以在數字證書庫中獲取需要的數字證書和公鑰。當用戶申請數字證書後，數字證書庫就會有其相應的信息。所以在交易過程中，其他用戶通過對數字證書庫的訪問，可以在庫中查看是否有相應的證書，從而驗證對方的真實性、合法性，如果存在相應證書，則說明是有效的。由於數字證書庫具有獨特性和權威性，從而確保了數字證書的完整性和安全性，防止證書被篡改和偽造。

應用接口系統是WPKI所必不可缺的組成成分，在整個電子商務交易的過程中，用戶需要做很多安全措施，例如加密、數字簽名等。WPKI通過應用接口系統能與各應用安全可信地進行交互，從而確保無線網絡下的交易安全。

丟失解密密鑰的用戶可以通過密鑰備份及恢復系統尋找丟失的數據。為了防止用戶丟失密鑰造成不便，WPKI提供了密鑰備份及恢復系統。只有可信的專門機構才能為密鑰進行備份

和還原，但只適用於解密密鑰，用戶的簽名私鑰不能備份，一旦丟失就無法恢復，該證書只能宣布失效。

證書作廢系統是 WPKI 必不可少的組成部分。如同日常生活中的很多證件都會失效那樣，即使在有效期內，證書也可能會作廢。由於用戶身分更改或私鑰遺失等原因，導致原本有效的數字證書不能再進行使用，發生這種情況時，應停止使用該證書，證書作廢。

（2）WPKI 技術原理

PKI 技術以公鑰技術和理論作為根本，它可以為信息提供安全服務，作為一種安全認證機制，它在互聯網電子商務安全方面有非常重要的作用，它可以在開放的網絡環境下，利用現代密碼學的公鑰技術，為數字簽名以及數字加密提供統一的技術框架。現今應用範圍最廣泛的加密方式就是公鑰體制，在這個系統中，解密和加密的密鑰並不相同，利用接受者的公鑰，發送者可以發送加密信息，接受者再利用自己的私鑰進行解密。通過這種方式既能保障信息具有不可抵賴性，又能保障信息不被洩露。由於 WPKI 是在無線網絡環境下優化傳統的 PKI 技術擴展而來的，因此與 PKI 一樣，WPKI 也採用了證書管理公鑰，因為 CA 認證機構是可信任的第三方認證機構，所以由 CA 進行身分驗證，以確保信息傳輸的安全，如圖 8-4 所示。目前，WPKI 系統被廣泛應用於密鑰交換、CA 認證和數字簽名等領域。

雖然 WPKI 與 PKI 系統有許多相似之處，但是兩者依然存在不同。主要的區別在於 WPKI 與 PKI 證書的驗證和加密算法，WPKI 採用優化的 ECC 橢圓曲線加密和壓縮的 X.509 數字證書。一般而言普通密碼體制計算量越大，複雜性也越高。較長的安全密鑰和複雜的加密算法，可以提高加密的安全性，但是其計算時間也就越長，ECC 使用較短的密鑰就可以達到較好的加密效果。運算量小、加密強度高的公鑰密碼體制對於數

图 8-4　WPKI 安全體系框圖

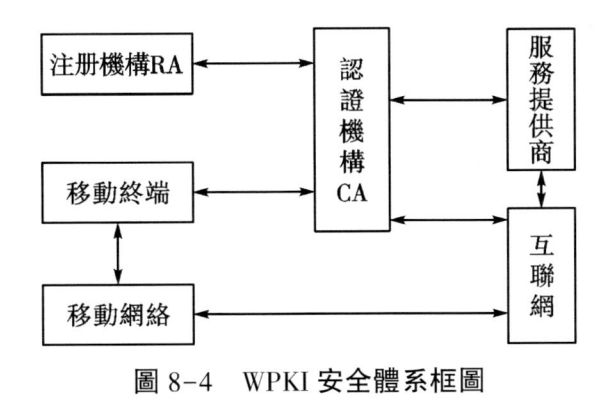

字簽名的實現是至關重要的，ECC 在這方面具有很大的優勢。

8.1.3　WPKI 在移動支付安全方面的實現

在科技時代，黑客不斷提高自身技能，無線網絡也處於高速發展階段，普通帳號密碼驗證方式已不能為支付安全提供強有力的保障。同時一些安全性很高的認證方式，如 USB Key 認證、生物特徵認證等，需要硬件支持，並不適用移動支付系統。為了保證移動支付的安全性，往往需要可信賴的第三方來實現身分的認證，例如可以採用 WPKI 技術。

（1）WPKI 的工作流程

如何實現安全即時的支付是移動電子商務的技術核心，用戶通過移動終端可以查看網絡內容，從而購買自己比較滿意的服務或商品，用戶信息在支付過程中會進行交互，WPKI 系統可以確保信息在交互過程中不被洩露。通過 ECC 橢圓曲線加密算法進行信息傳遞，第三方認證中心進行信息認證，可以防止用戶信息被盜竊和被利用來詐欺用戶。

在無線網絡環境下，商家服務器提供支付平臺分佈式接口，同時提供超文本傳輸服務，用戶可以通過該服務瀏覽和定購商品。移動支付平臺提供安全的應用接口，可以將用戶銀行帳號與手機號碼進行綁定。移動支付系統的安全是基於 WPKI

的，需要對用戶身分進行識別並驗證帳戶的真實性，可以安全快捷地對資金進行轉帳。用戶通過手機或其他移動設備想要購買產品或服務時，先通過 RA 申請數字證書，證書中心會向用戶發送數字證書，同時也會對證書進行驗證，並對用戶進行確認，對證書和用戶進行確認後，證書認證中心 CA 會將確認結果發送給服務提供者，以便服務提供者確認用戶真實身分，如圖 8-5 所示。如果無法辨認用戶信息或用戶信息不真即時，就不會為其提供支付服務；如果確認用戶真實，則為其提供支付服務，從而確保在無線網絡環境下用戶能夠安全地進行支付。由於 WPKI 系統採用了 ECC 橢圓加密算法來對信息進行加密傳輸，所以能夠保障信息在交互傳遞的過程中不被非法用戶監聽或竊取。

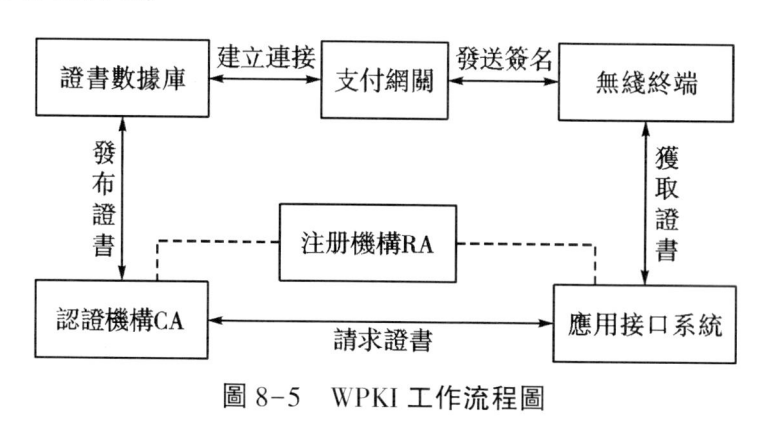

圖 8-5 WPKI 工作流程圖

（2）WPKI 在移動支付方面的應用

公鑰密碼算法是 WPKI 的基礎，結合摘要算法、對稱密碼算法，通過數字證書、數字簽名等技術來確保數據在網絡傳輸中不被破壞和洩露，並對用戶身分進行識別。WPKI 作為一種安全有效的工具，為外聯網、互聯網和互聯網網絡環境之間信息交換提供信任基礎。WPKI 通過自動管理證書和密鑰，為用戶創造一個安全的網絡運行環境，使用戶可以在多種應用中方便地使用數字簽名和加密技術，從而確保移動支付的安全性。

WPKI應用系統應具有以下基本功能：保障數據傳輸的機密性、對用戶身分進行識別和認證、發送信息的不可否認性和信任關係的建立。

WPKI是在公共密鑰理論的基礎上建立的，私鑰和公鑰配合使用可以保證數據傳輸的機密性，WPKI的一個主要功能就是確保數據在傳輸過程中不被洩露。數據傳輸過程中數據經過加密，使非授權者不能讀出或看懂該數據。數據的發出者希望接受者能夠安全地接收到他所發出的數據，並且只有接收者擁有查看該數據的權限。數據的發出者首先利用接收者的公鑰將其數據加密，然後將密文發送給接收者，接收者接收到數據後，利用其私鑰將數據解密，恢復為明文。即便數據被非法截取，因為沒有接收者的密鑰，截取的數據也無法解密，從而對數據安全起到一定的保護作用。

在數據傳輸過程中，通過接收方的私鑰解密可以保證數據不被洩露，通過發送者的私鑰加密來認證發送方的身分。在驗證過程中，雙方都有由第三方認證機構CA簽發的證書。首先確認認證機構CA頒發的證書是否有效，然後檢查該證書是否已被作廢列入黑名單，同時檢測證書是否在有效期內。無線終端的公鑰可以從CA認證中心獲取，通過證書上的公鑰可以驗證數字簽名是否正確，運用這種方法可以驗證身分的正確性，從而判斷是否建立通信。

WPKI可以確保信息擁有唯一的發送者，即不可否認性。WPKI系統不可否認性的模式類似於完整性模式，發送者先用私鑰製造一個數字簽名，然後將其與信息一起發送給接收者，接收者再用發送者的公鑰驗證數字簽名。一般來說，只有發送者擁有該私鑰和該數字簽名，只要數字簽名通過了驗證，發送者就不能否認發送過該信息。由於數字簽名是針對整個報文的，是代表報文特徵的一組特殊代碼，所以接受者更改數據會受到限制，同時也避免了發送者逃避責任。

在電子商務環境下，消費者與企業之間電子商務活動的安全問題是極其重要的，面對虛擬的、複雜的網絡環境，交易雙方需要建立互信的、有效的機制，來確保交易的安全性，提高電子商務活動的效率，而WPKI技術可以在無線互聯網環境下建立公平互信的安全交易平臺。

（3）WPKI安全系統分析

WPKI的安全系統分析分為以下幾個方面：

①密鑰生成。移動終端產生簽名公鑰，註冊機構產生加密密鑰，加密密鑰也可以由用戶產生，用戶需要將加密密鑰和簽名公鑰發送到註冊機構。

②證書申請。用戶向註冊機構提交證書申請，註冊機構進行審核，審核合格後向認證機構提交證書頒發申請，認證機構將證書通過應用接口傳送到移動終端，同時證書被儲存到證書數據庫中，以便用戶查閱。

③證書驗證。用戶的證書被註冊機構保存，每份證書會產生相應的證書地址，該地址被發送到移動終端。移動終端向支付網關發送簽名及證書地址並建立連接，支付網關與有線網絡服務器建立連接，移動終端和有線網絡服務器進行信息傳遞，進行證書的驗證，實現安全支付。

④WPKI的特性分析。WPKI技術能夠縮短移動終端加密時間。WPKI採用優化的ECC橢圓曲線加密和壓縮的X.509數字證書，ECC使用較短的密鑰就可以實現理想的加密效果，所以ECC可以簡化加密處理過程，從而縮短移動終端支付過程的加密時間。WPKI技術的實現嚴格遵守既定標準。在移動網絡環境中，用WPKI來管理公鑰和數字證書，能有效地建立一個安全可信的無線網絡環境。

8.1.4 WPKI技術的發展現狀及展望

WPKI技術雖然具有廣闊的應用前景，但在技術和應用上

仍面臨一些問題：無線終端相對於有線終端的資源有限，它的成本相對較高，存儲容量少，無線終端設備的處理能力較低，數據處理的難度和長度受到一定限制；通信模式互通不夠，無線網絡和有線網絡的通信模式不同，這就在一定程度上影響了二者之間互通的順暢性，無線信道資源短缺，帶寬成本高、時延長、連接可靠性較低；目前，人們無法足夠信任WPKI技術，從而制約了其繼續推廣，導致這一結果的主要原因是相關法律的不健全。現階段沒有任何正式的有關數字簽名和認證中心等方面的法律、法規，使其得不到法律的保護。總體來說，就是由於中國關於移動電子商務的法律、法規還不健全，無法充分保障交易安全。

針對WPKI技術存在的一些問題，提出以下幾點解決方案：

（1）盡量減少證書的數據長度和操作難度。只有當WPKI使用的技術方便可靠時，才能吸引更多的人參與到移動支付業務中來。因此，需要提高移動終端的設計，以滿足應用的需求。面對這些問題，我們可以在兩個方面進行改進：一方面是減少處理證書的難度和證書長度；另一方面是提高無線終端的處理能力。

（2）移動終端設備價格略高，移動終端設備需要降低價格，並且改進其性能，應用內容也有待拓寬。如果移動設備能提供方便可靠的服務，並且功能多樣、價格適宜，必定會被大多數消費者所接受，智能移動終端設備的普及，有利於引導更多人利用WPKI技術從事移動支付等活動，在一定程度上促進WPKI技術的發展。

（3）鑒於移動商務的法律、法規尚不規範，所以需要對其法律、法規進行完善，使其有法可依，增強移動支付的安全性和提高其可信賴度。

WPKI技術對移動電子商務的安全有著至關重要的作用，

人們不斷地研發和完善 WPKI 技術，但是 WPKI 技術會受到一些因素和條件的制約，導致其進展相對滯緩，可能還需要較長時間其才能得到真正的廣泛應用。不過隨著手機等移動終端設備的推廣以及移動電子商務服務的多樣化，在無線網絡環境下，WPKI 可以為安全交易提供有力保障，其市場應用有很大的發展空間，其技術會不斷完善和進步。

通過對 WPKI 系統的構建分析可以看出，運用 WPKI 技術能夠維護移動電子商務交易的安全，WPKI 可以為移動支付提供一個有力的安全保障。本書研究的意義在於通過探究 WPKI 技術，對 WPKI 與 PKI 的技術特點進行了對比，演示了 WPKI 的實現流程，分析了 WPKI 技術如何在移動支付過程中確保安全，證明了在解決移動支付安全問題的過程中，WPKI 起著至關重要的作用。

移動支付安全問題的解決，必將帶來移動電子商務產業的進一步發展。移動電子商務因其方便快捷的特點，將會帶動傳統電子商務走向一個嶄新的時代，WPKI 應用將因此變得更為重要。

8.2 基於手機 APP 的第三方移動支付平臺安全問題

隨著網上電子交易這一方式的逐漸推廣和應用，移動支付這一快捷有效的支付手段也逐漸為廣大用戶所熟知並使用。4G 網絡的開發，手機功能的不斷完善，手機 APP 應用的時刻更新，基於這樣的市場背景，移動支付平臺的推出也是趨勢使然。它可以支持各種移動支付方式，諸如 SMS、IVR、WAP、NFC 等。手機已成為每個個體用戶必不可少的移動終端設備。發展至今，手機可以購物，可以上網，可以聽音樂，它具備了

許多計算機才具有的功能。它以快捷有效、隨時隨地支付的特點為人熟知，通過將銀行卡與手機綁定，在支付時通過通知短信下發即時驗證碼的方式快速而便捷地完成交易及支付過程，因此其廣受好評。它結合了移動電話、手持 POS 機和 RFID（射頻識別技術）卡的特點於一身，使用戶體驗到隨時隨地隨身支付的支付方式，滿足了用戶對於電子支付的基本慾望和需求。

然而，儘管移動支付解決了電子商務過程中部分支付問題，移動支付過程中的安全性隱患仍不能被我們所忽視。無論是移動終端自身以及應用軟件的威脅，或是無線網絡的各種潛在威脅，乃至當下的移動支付協議，均給所有移動支付過程帶來了無法抹除的陰影。移動支付的身分認證問題一日不除，它的推廣和發展就很難一路順風。

基於此背景，本節通過對交易及支付過程中各個主體的分析找出問題所在並總結出解決方案和應對措施，力求保證移動支付過程的環境安全，為日後移動支付平臺的發展微盡薄力。本書也正是基於此背景下，從移動支付概念起步，在闡述了相關的概念後，通過對常用的和基於第三方的移動支付平臺運作流程的分析和對比，提出了現階段移動支付面臨的主要問題，並從參與流程的各個主體為切入點進行詳細的過程分析，並給出對應的解決方案和應對措施。

8.2.1　手機移動支付及手機移動支付平臺概述

手機移動支付特指用戶為其消費的商品或享受的服務使用手機這種移動設備來進行支付的一種移動支付方式。單位或個人通過手機聯入互聯網直接或間接向銀行等金融機構發送支付指令來進行款項支付與轉移操作，從而實現手機移動支付功能。手機移動支付將手機、網絡提供商、平臺提供商以及金融機構相融合，為用戶提供貨幣支付、繳費等金融業務。其擁有

以下特徵：①快捷性：因為移動支付是在手機上進行的，因此只要消費者攜帶了手機，就可以隨時隨地按自己意願進行移動支付，而無需到定點銷售或服務處進行支付。②便利性：不同於許多旗艦店與實體店，手機移動支付的交易對象更加廣泛，並且更傾向與網上交易，因此在購買商品與享受服務的過程中更容易獲得優惠，更易體驗到更高品質的交易過程。③數字化：由於手機移動支付是在高度數字化的移動終端上進行，因此數字化是手機移動支付區別與普通支付方式的重要特點。

手機移動支付的實現方式分為遠程和近程兩種，具體如下：

遠程：①基於短信（SMS）；②基於語音通訊（IVR）；③基於無線應用通訊（WAP）；④基於會話初始協議（SIP）；⑤JAVAME技術（J2ME）。

近程：①基於短距離通訊（NFC）；②基於射頻識別（RFID）。

中國的手機移動支付發展起步較晚且主要以小額支付為主。早在1999年中國移動就與部分銀行、銀聯合作，在中國南方部分省市開展試點工作。2002年6月中國聯通公司推出了第一個「小額支付移動解決方案」的試點系統，它是中國早期手機移動支付發展的雛形。之後的4~5年裡，中國手機移動支付朝著滿足用戶消費習性的方向努力發展，憑藉著銀行卡與手機綁定的方式，在電子商務市場占得了一席之地。其中以第三方支付平臺——支付寶最具代表性，它的用戶數早在2010年就已超過3億。

總體而言，手機移動支付歷程經歷了以下三個階段：①手機短信話費支付。早期的移動支付主要通過手機話費支付，而且用戶進行的也是一些小額交易，例如下載鈴聲、發送彩信等。②手機WAP消費。此時的移動支付已能夠支持用戶瀏覽WAP並進行消費，但受制於當時的通信網絡技術（2G/3G），

移動支付仍處於發展的萌芽時期。（3）遠近程交易的開發。這一時期的移動支付已小有規模，用戶可以通過移動支付體驗遠程支付以及近程交易（NFC）等新興功能。此時支付寶等第三方交易平臺開始興起並迅速發展。

目前中國手機移動支付的市場主體主要有第三方支付平臺（支付寶、易付寶、微信、百度錢包）、網絡營運商（電信、移動、聯通）以及金融機構（銀行、銀聯）。主要技術發展方向是向著 RFID（射頻識別技術）、RFC（近場支付）以及 J2ME（JAVAME）技術靠攏。可以預見的是，在歷盡短信、WAP 以及遠程支付及近端交易 3 個階段發展後，移動支付方式將在 21 世紀有長遠的發展空間和未來。

目前中國移動支付面臨的主要問題有以下四點：①用戶的傳統消費習性難以改變；②許多技術問題仍未解決；③用戶個人信息和交易信息安全得不到保證；④移動支付法律、法規並未形成一個成熟有效的監督體系，有待完善。

手機移動支付平臺即指為用戶在手機上與商家進行移動支付的過程提供平臺的第三方機構，它們大多與銀行等金融機構簽約，有一定的經濟實力與信譽保障，如目前國內最具知名度的支付寶、財付通和微信支付等。

手機移動支付平臺主要由三個模塊組成：即前端管理模塊、中端支付管理模塊和後端信息管理模塊。其中前端管理模塊包括了接入網關、網絡營運商管理和用戶管理，中端支付管理模塊包括了支付網關、商家管理和合作銀行、銀聯管理，後端信息管理模塊包括了信息轉發和信息下載板塊。細分之下，手機移動支付平臺管理又可分為以下五個模塊：①用戶管理：根據不同用戶所屬類別的不同，如學生、企業員工等進行管理，在其註冊時對其身分進行精確的定位，方便其支付時更快捷地完成操作，並增設信用評級，優化管理界面，保證交易環境的健康。②交易管理：即時記錄下客戶在平臺上進行的每筆

訂單的交易數據，便於客戶記錄下在不同商家下的交易記錄。在為客戶提供了便利的同時，也會平臺信息的管理提供了保證。③信息管理：對經過平臺轉發給用戶的通知短信統一記錄及管理，即為日後客戶進行信息查詢提供了保障，也為平臺的可信度及安全系數貢獻了一份力。其也可用於網絡營運商及銀行的信息宣傳，吸引更多客戶註冊成為平臺的用戶。④身分認證：通過通知短信下發驗證碼的方式對註冊成為平臺的用戶身分進行統一認證，便於支付時與對應綁定銀行卡的身分信息確認，簡化交易流程，提高交易效率。⑤系統維護：介於現在平臺上出現了許多外掛木馬、病毒等威脅，在手機 APP 殺毒軟件無法徹底滿足用戶需求的環境下，進行不定時的系統維護的重要性自然不言而喻，它是保障平臺穩定運行的必要條件。

8.2.2　手機移動支付流程中面臨的安全問題現狀

手機移動支付流程面臨的安全問題很多，目前的情況如下。

（1）手機信息安全。手機作為發起點，其自身的威脅不可忽視。手機威脅主要為手機的竊取和身分假冒，黑客可能通過非法途徑盜取用戶的移動終端或手機上的 SIM 卡，並冒充該被盜用戶從而進行相關移動支付流程，並牟取非法利益。嚴重時甚至會修改、插入或者刪除該用戶在手機上存儲的個人信息和數據，從而破壞手機操作系統數據。

（2）移動網絡信息安全。用戶在使用手機進行移動支付過程中必然聯入無線網絡，因此網絡風險在所難免。它的主要表現形式為無線網絡的竊聽，由於無線網絡本身具有開放性、公共性特徵，以及通知信息等短消息的傳輸都使用的是明文傳輸的方式，這就無形中為接口竊聽提供了途徑和可能性，這是最簡易的獲取非加密網絡信息的途徑。黑客可以利用竊聽來收集用戶的交易信息和私人秘密，詳知整個交易過程，甚至破解

支付協議中的隱密資料。

(3) 手機移動支付平臺信息安全。平臺作為支付過程的主體，其安全隱患必然存在。其主要表現為中間人的攻擊和多次傳送交易信息，黑客在手機移動支付平臺上利用技術手段截獲交易過程中的相關數據後，可能會盜取並拷貝用戶的信息並冒充用戶發送虛假信息給網絡營運商，從而完全主導用戶的交易並加以控制，或者以用戶的名義多次發送交易請求至商家，從而實現詐騙，謀取非法利益。

(4) 商家信息安全。商家作為支付過程的重要參與方，其信息安全也存在風險，主要表現為商家的交易抵賴和拒絕服務等。在手機移動支付這一手段被普及後，部分無良商家可能會發送劣質或虛假商品給用戶，並在用戶進行非謹慎付款後對用戶的付款指令加以否認，並且在用戶提供相應交易數據後對數據來源也予以否認，甚至以用戶在平臺上的相關信息加以要挾，拒絕提供對應服務等。

8.2.3 手機移動支付安全問題出現的原因分析

手機移動支付安全問題出現的原因分析如下。

(1) 基於手機 APP 的第三方移動支付平臺的交易流程分析：①用戶接入通信網絡後，在確認購買的商品信息無誤後，登錄第三方支付平臺帳戶，選擇手機 APP 支付方式（如支付寶、微信、財付通等）。②用戶輸入支付密碼，完成付款，並向商家發送支付通知。③商家在確認訂單後將支付通知轉移至第三方移動支付平臺。④平臺在成功驗證用戶的身分後作出應答，並對該用戶在平臺上的帳戶餘額進行檢驗，若餘額足夠則直接完成扣除，若不足則向對應帳戶綁定的銀行卡所在行申請支付。⑤銀行在收到信息後，從用戶對應的銀行帳戶中扣除交易金額。若銀行卡內餘額足夠，則反饋信息「付款成功」至平臺；若卡內餘額不足，則反饋「餘額不足，付款失敗」至

平臺。⑥若支付成功，平臺在收到銀行的付款後暫時保管該款項，並向商家和用戶反饋信息「付款成功」；若餘額不足，則反饋信息「餘額不足，付款失敗」。⑦商家在收到付款成功的信息通知後向用戶發送商品。⑧用戶在確認收到商品後向平臺反饋信息，並發送可以支付提示。⑨平臺將暫時保管的貨款轉移至商家的帳戶之中，具體流程如圖8-6所示：

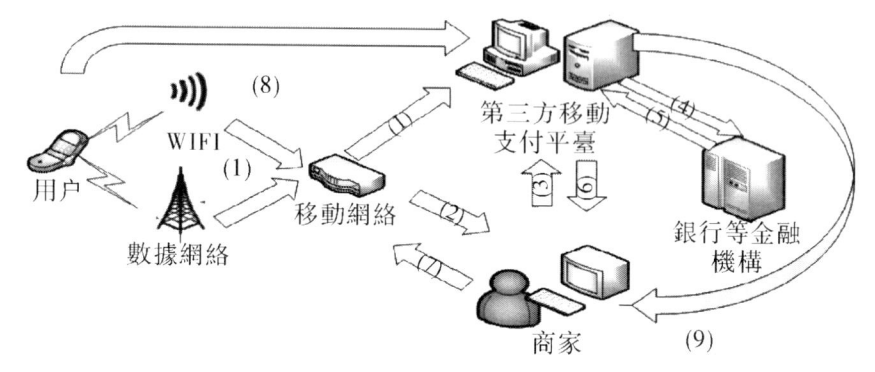

圖8-6　第三方移動支付流程圖

（2）手機移動支付存在風險和漏洞。在出現了以上手機移動支付安全問題的背景下，我們不禁要反思，為何會出現這麼多安全問題？它們是如何產生的？用戶的手機成了歸咎原因的重點之一。無論是手機自身的各種風險，還是其內在囊括的應用軟件、病毒、木馬等，都給手機操作系統的風險加註了分量。在當前用戶並未給予足夠重視的時代背景下，對手機操作系統進行整治和處理刻不容緩。

①手機自身存在外在因素危機：a. 易遺失性。手機設備體積較於筆記本電腦和臺式機而言過於稚小，很容易在公共場所因用戶的大意被人剽竊或遺失。當這些設備上存儲的信息洩露時，用戶的身分信息就會被盜取，從而影響用戶的認證過程。b. 參數有限性：手機各項技術參數有限，例如內存、CPU等並不能同電腦相抗衡，這也從某種角度上降低了設備的加保密效率，更易致使用戶的身分信息流失。c. 接口多樣

化；介於手機的接入點眾多，例如藍牙、WIFI、紅外端口等，因此用戶的身分信息可能在各個接入點都出現過，因而在一些公共場所被一些不法分子通過信息在移動網絡和有限網絡交接處短暫暴露時盜取，從而影響用戶的身分認證。

②下載的應用APP的威脅。a. 病毒或木馬源軟件：該類軟件通常會以廣告窗口或連結的形式在用戶缺乏警惕性的背景下自動下載至用戶的手機，然後通過侵占內存的形式竊取用戶的身分信息，並對用戶造成經濟損失或信息威脅。b. 游戲軟件或社交類軟件：用戶往往喜歡下載一些社交或游戲類軟件以打發閒餘時間。該類病毒軟件就會趁此時機在沒有詢問用戶的意見下惡意剽竊用戶的個人信息，例如帳戶餘額、銀行卡號及支付密碼等重要信息。c. 尚處於內測中的軟件：該類內測軟件往往處於開發的測試階段，卻被不良開發商投入使用，並有很大可能攜帶了木馬或病毒，在被好奇心驅使下的用戶下載後其會迅速侵占用戶的設備空間，並竊取用戶的身分信息。

（3）無線網絡存在安全問題。當用戶使用手機進行無線網絡的訪問並開展移動支付流程時，由於無線網絡本身固有開放性的屬性，用戶有很大可能性因為無線網絡的安全風險而致使移動支付受阻。目前無線網絡主要囊括了WAP（無線應用協議），WLAN（無線局域網）即通常所說的WIFI，以及WVPN（無線網絡專用網）等三大移動安全基礎設施。具體如圖8-7所示：

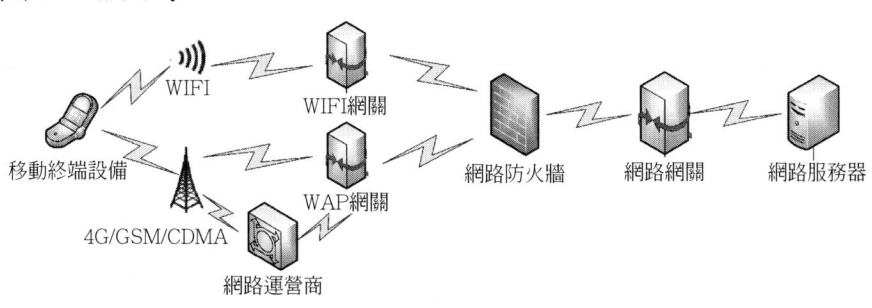

圖8-7　移動終端網絡示意圖

①WIFI存在安全隱患。WIFI是一個創建於IEEE 802.11標準的無線局域網絡設備，同時由於它的開放性，使其在使用過程中增加了很多的風險。因此以連接WIFI方式連入網絡的移動支付方式，網絡安全就主要依賴WIFI技術的可靠性。在當前的時代背景下，IEEE802.11標準已經具備很多的安全技術，其中包含了物理地址（MAC）過濾、服務區標示符（SSID）匹配、有線對等保密（WEP）、端口訪問控制技術（IEEE802.IX）、WPA（Wi-Fi Protected Access）和IEEE802.11i等技術。WIFI的連接過程如圖8-8所示：

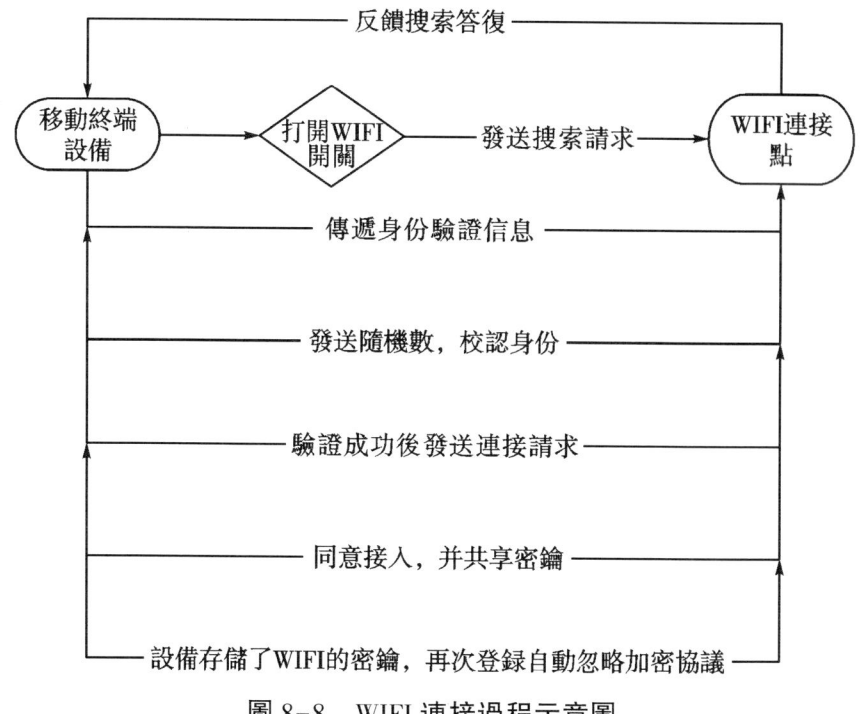

圖8-8　WIFI連接過程示意圖

②數據流量訪問存在風險。由以上過程我們不難發現，在連接WIFI過程中，我們可能會因為流程中的各個步驟受阻而致使信息洩露。可能的情形如下：因為公共WIFI的未知性，用戶登錄的WIFI的性質就很大程度上決定了該用戶所承擔的

風險大小。用戶給連接點發送的身分認證信息如果被某種途徑非法竊取並加以利用，就會造成嚴重的後果。如上文所述的中間人攻擊和多次傳送信息等都可以由不速之客通過偽造信息並同時對手機和連接點發送而實現。技術性黑客甚至可以通過對無線網絡中某一網點的 MAC 地址的獲取並改造來實現對用戶信息的竊取。如上文所述的拒絕服務也可以通過在盜取了用戶信息後逐步實現。正如我們所知的，WAP 作為無線應用協議，可以幫助用戶訪問各種無線網絡，諸如 GSM、CDMA、GPRS、TDMA、4G 等，只要打開 WAP 載體，用戶就可以盡情訪問無線網絡。而在這訪問過程中起承接作用的就是 WAP 協議的安全層（WTLS）。它對於 WAP 的意義正如 SSL/TLS 對於有限網絡的重要性一樣不言而喻。但 WAP 訪問的風險正在於此。圖 8-9 是用戶通過 WAP 方式訪問網絡的過程示意圖。

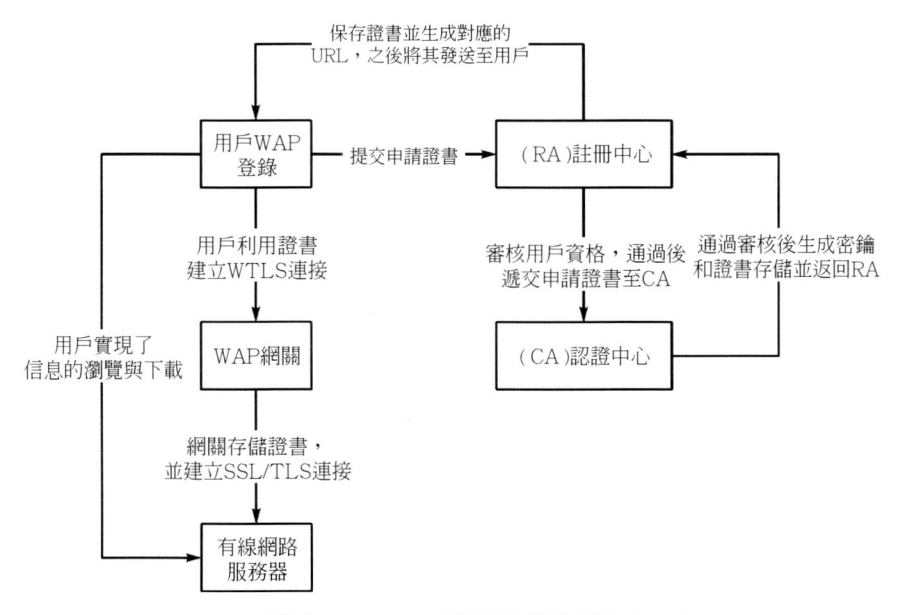

圖 8-9　WAP 連接過程示意圖

通過以上過程我們不難發現 WAP 網關就是無線網絡與有線網絡服務器的仲介點，而正是這裡成為了 WAP 訪問的風險

所在。因為在該點無線網絡和 WAP 網關之間通過 WTLS 協議來實現信息傳遞和共享，但在 WAP 網關和有線網絡之間這份工作被 SSL/TLS 協議取代，這就必然要求 WAP 網關將 WTLS 協議加密過的數據在經過一次解密之後再由 SSL/TLS 協議進行二次加密，之後再上傳至服務器。如此，一次解密之後的數據就會以暫時性的依託明文的形式暴露在 WAP 網關下，成為網絡攻擊者進行侵略的突破口。用戶的身分認證信息就很有可能因此暴露。

（4）支付過程存在風險。除了手機自身以及無線網絡的風險之外，移動支付過程中也有問題亟待解決。一方面是手機移動支付平臺（服務器）的問題，另一方面則是移動支付安全協議的改進問題。①手機移動支付平臺的安全性。介於手機移動支付平臺的主體並不在手機本體，而都是位於以計算機為載體的服務器上，因此移動支付平臺的安全性就很大程度取決於服務器所在的筆記本或臺式機的安全性。而計算機安全系統的發展歷來已久，在經過一代代機械先驅的努力下，已形成較為成熟的體系，例如防火牆和毒霸管家等。②移動支付協議風險。在保障移動支付協議的安全性上，目前主要使用的技術手段囊括了：a. 密碼技術：對稱密碼體制和公鑰密碼體制；b. 數字證書技術：數字摘要、數字簽名和數字證書；c. 認證技術：身分認證技術和 PKI（公鑰技術基礎設施）技術。

但這些技術並不能保證在當下的手機移動支付過程中協議的風險得到有效的控制。通過對目前已使用的 SET 協議（安全電子交易協議）和 iKP 協議（基於信用卡的安全電子協議）的問題分析我們不難發現這點。SET 協議：SET 協議的應用由來已久，它於 1997 年 6 月 1 日被推出，因為啟用了身分的驗證，並且能夠保證交易的 4 個特性，因此，在當時的移動支付市場被廣泛應用。但隨著移動支付市場的迅速發展，它的弊端也逐步暴露在用戶的視野之下：數據報文信息太過複雜；協議

本身結構過於複雜；協議運行速度過慢；協議不能有效保證交易產生的數據安全；協議使用費用昂貴。iKP 協議：同 SET 協議相似，iKP 協議也是為了保障電子交易安全而被創建的。它的問題如下：交易過程需要反覆驗證參與者簽名，致使交易效率驟減；對用戶的個人信息安全無法給予保證；至今未能有效處理交付過程中數據的儲存和身分認證問題；無法提供用戶收貨後的憑證。

目前應用的移動支付協議存在以下問題：基於公鑰體制的協議適用對象為有線網絡，而不是無線網絡。無法對交易和支付過程中產生的信息以及用戶的個人信息給予有效的保護。協議的執行過程中需要進行大量的計算流程，但無線終端設備的計算能力有限，並不能有效滿足需求。認證中心（CA）生成的證書以及公鑰的傳遞大大拖累了交易效率。

8.2.4 對以上安全問題應採取的措施

根據在上一小節中對手機移動支付安全問題的分析，結合手機移動支付當下存在的各類隱患和風險，我們應當在當前的安全機制的基礎上提出新的解決方案和應對措施。

（1）手機風險的解決方案。

①自身風險處理。用戶應當加強個人信息保護意識，盡量避免手機的丟失、損壞，以免造成信息洩露，如手機的摔壞、進水、失竊等。用戶應當為手機設定密碼、語音識別或指紋識別等保護措施。密碼的設定應當遵循長度適當、複雜程度適中的原則，語音識別應當口齒清楚，並且最好和密碼識別一併兼用，指紋識別應當在設定時洗淨手指，用力均勻。這樣的一些細節能夠有效提高移動終端設備使用的安全係數。用戶應當規避在手機上存儲所有個人的重要信息，即便是臨時存儲，也應當在使用完信息的價值後即時刪除，避免為他人所知並造成不必要的麻煩。用戶在不使用藍牙、無線 WIFI 和紅外端口時應

當及時關閉已打開的端口，以免造成信息的無謂洩露。②應用APP風險處理。a. 要保證手機上應用軟件的來源合法及安全。用戶應該在下載應用時識別該應用是否為官方正版應用，不能被相似的應用名稱或應用背景所欺騙，從而下載了攜帶有木馬、病毒的非法盜版應用軟件。用戶應當謹慎處理軟件發出的權限請求。或許許多用戶都有過這樣類似經歷：當我們下載安裝一個應用時，在安裝界面會彈出許多相關權限的請求，或是請求獲取地址、聯繫人或是讀取短信等。這就要求用戶在處理權限時明辨是非，在拒絕大多涉及隱私的權限要求下合理地給予適當的權限，例如外賣軟件允許獲取地址，游戲軟件拒絕獲取聯繫人和短信等。b. 提高個人帳戶的安全系數並做好平臺個人登錄信息的保密工作。在用手機登錄如支付寶等第三方移動支付平臺前我們需要確認手機內安裝的支付軟件是經過官方認證的 APP，確保 APP 的可靠性。並盡量避免通過網絡連結直接登錄到個人網上銀行，因為經常會有些偽造的虛假登錄界面，趁機攔截用戶的登錄信息，只有用戶加強對個人信息的戒備，才能有效地避免信息洩露和惡意行為的發生，減少不必要的經濟損失。c. 安裝健康的手機管家和殺毒軟件。一款健康的殺毒軟件可以幫助用戶有效地規避風險，保證移動支付環境的健康。目前最常用的軟件有騰訊管家、金山毒霸、360 管家等，它們都具備即時監控的防火牆、短信攔截、騷擾電話攔截等功能，能及時發現並清除移動終端裡的惡意軟件。

（2）網絡風險的解決方案。以下分別給出對於 WIFI 漏洞和數據流量訪問（WAP）的解決方案和應對措施。① WIFI 風險處理。對於 WIFI 的風險處理大致可分為以下五點：避免聯入不安全的公共 WIFI；更改 WIFI 的初始密碼；設置高強度的 WIFI 密碼並定時更改；保證 WIFI 聯入用戶的身分安全；定期進行 WIFI 的版本更新與維護。②數據流量訪問風險處理。對於數據流量訪問（WAP）所帶來的風險處理方法有如下四點：

a. 開發具備身分識別和加密的 SIM 卡：現在各大網絡營運商都推出了 SIM 卡免費升級的方式，如 4G 卡的升級，在給用戶提升了流量上限的同時，也降低了 WAP 訪問的風險。但當務之急還是應盡快開發出具備身分識別和加密的 SIM 卡。b. 同步使用手機號碼驗證身分有效性：在現有的許多手機移動支付過程中，通過給手機發送即時驗證碼來驗證用戶身分有效性的方式屢見不鮮，同樣的，這種方式也可以應用於 WAP 訪問。c. 推廣銀行的登錄限制方式：正如工行和建行等銀行的登錄方式設定一樣，當用戶多次發送驗證信息錯誤後，可以對用戶進行暫時禁止登錄的警示，從而降低 WAP 訪問的風險。d. 改進並逐步完善 WAP 網關功能：正如上文所述，WAP 網關功能上存在缺陷，因此，早日改進並完善網關在功能上的缺陷的重要性不言而喻。

（3）支付過程安全性的改進方案。①保證手機移動支付平臺的安全。手機移動支付平臺的安全主要取決於它自身服務器的載體設備（電腦）的安全性能。因此需要在開啓防火牆的背景下下載可靠的殺毒軟件並進行定期的安全檢查，確保電腦的安全系統全面開啓。②啓用改進後的移動支付協議。對當前的移動支付協議進行改進（如 ECC 協議等），以確保移動支付過程的安全性。主要的改進方向有以下幾點：減少交易及支付過程中簽名和證書的傳遞次數和驗證次數，以提高支付認證效率；適當地減少交易和支付過程中數據的非對稱和對稱加密次數；③更好地確保交易過程產生的支付信息的安全以及用戶的個人信息安全；④減少協議中對於移動終端的計算能力的要求。

（4）國家法律、法規的改進。因為中國法律目前對於移動支付犯罪尚未形成有效的管理制度和懲戒制度，因此在對移動支付過程中的各個細節進行整治和改進的同時也應抓緊立法制度的進度，早日出抬一系列完整的針對移動支付犯罪的詳細

法規，保障移動支付過程的安全性，給用戶一個更加健康的移動支付環境。

8.2.5 總結與展望

基於手機 APP 支付渠道的移動支付方式在第三方移動支付平臺的安全問題在移動支付的發展歷程中一直存在，並將會被作為未來將要克服的主要問題一直持續下去，直至得到妥善解決。在信息化高度發展的今天，基於手機 APP 支付渠道的移動支付方式的發展是不可遏制的必然趨勢，因此，其移動支付安全問題也就成了阻礙其發展的最大絆腳石。本章通過對其移動支付流程的分析，解析了安全隱患風險產生的原因和因素，並針對每一個誘因給出瞭解決方案和應對措施以及對移動支付相關法律、法規的建議。相信在技術手段更新急速的 21 世紀信息化社會，有效處理並解決了安全問題的基於手機 APP 的移動支付方式將在第三方移動支付平臺上大放異彩，伴隨著第三方移動支付平臺的快速發展被更多用戶所接受和推崇。

參考文獻

[1] 莫萬友.移動支付法律問題探析 [J].河北法學，2008，26（11）.

[2] 楊凌雲.3G 時代中國移動支付商業發展研究 [D].北京：北京交通大學，2009.

[3] 熊國紅，戴俊敏.對手機銀行認識與安全問題的思考 [J].武漢金融，2011（1）.

[4] 賈鳳菊.淺談移動支付在中國的應用和發展 [J].時代經貿，2010（24）.

[5] 戴林.移動電子商務走進百姓生活 [J].重慶信息化，2009（10）.

［6］郝文江，武捷.移動支付安全性分析及技術保障研究［J］.信息網絡安全，2011（9）.

［7］董梁.PKI/CA 技術與應用發展［J］.金融電子化，2005（9）.

［8］萬隆.電子商務環境下移動支付的安全性分析［J］.商場現代化，2008（32）.

［9］李廣莉.WPKI 在移動電子商務中的應用［J］.電腦開發與應用，2009，22（8）.

［10］李志民，鄭秋生.基於 PKI 的電子合同安全［J］.中國管理信息化，2006（5）.

［11］雷朝銓.PKI 技術在電子商務中的應用［J］.中國科技博覽，2009（7）.

［12］賴慶.基於 WPKI 的移動電子商務安全體系與應用［J］.商場現代化，2008（12）.

［13］徐曉寧.WPKI 關鍵技術的設計與實現［D］.西安：西安電子科技大學，2005.

［14］劉永翔，歐婧.移動支付平臺設計中的交互體驗研究［D］.北京：北方工業大學，2015.

［15］張浩.移動支付應用情況研究［D］.北京：北京郵電大學，2007.

［16］何亮.第三方移動支付平臺的設計與原型系統實現［D］.北京：北京郵電大學，2009.

［17］何亮，王純.基於 SOA 的第三方移動支付平臺的設計［J］.自然科學，2009（27）.

［18］Henry P S, Luo H. WiFi：What's Next?［J］.Communications Magazine，IEEE，2002，40（12）.

［19］KhanJ, Khwaja A. Building Secure Wireless Networks with 802.11［M］. New York：Wiley，2003.

［20］關振勝.公鑰基礎設施 PKI 與認證機構 CA［M］.北

京：電子工業出版社，2002（1）.

［21］李海飛.移動支付中的安全協議研究［D］.西安：西安電子科技大學，2014.

［22］陳小梅.移動支付體系的安全風險分析與研究［D］.北京：北京郵電大學，2013.

第 9 章

網上支付物業費繳納系統分析與設計

互聯網的全面普及，移動網絡的興起，讓人們的生活便利性得到大大提高。人們從一個被支配的人，逐漸成為支配者。人們傳統的生活方式也逐漸被電子社交網絡、網上購物等新興網絡生活方式所取代。

根據調查機構 IResearch 發布的《2014 年中國電子銀行用戶調研報告》顯示，通過網上支付的用戶以 25 歲~35 歲的年輕人群為主，其中網銀用戶占 55.7%，手機銀行用戶占 60.2%。手機銀行的用戶數在持續地增長，就統計數據來看，增速還在不斷地上升。由於低齡和高齡的用戶存在經濟基礎、知識結構上不滿足網銀和手機銀行的要求，所以所占比例不高。由此可見網上支付業務在人們中使用率在快速提高。相信隨著網絡的繼續發展和國民素質的逐步提高，這個數據還會增加。

當下運用互聯網技術探索發展、尋求新模式已是當下所有物業企業的共識，過去還特別陌生的名詞「APP」「網上支付」「雲服務」等都逐漸被人們所熟知。中國物業管理協會沈建忠會長也明確指出：「物業服務企業要用更自覺的行動，去擁抱科技；用更積極的姿態，把傳統物業管理行業和科技嫁接

並融合，用更開放的心態，去追隨現代科技的步伐。」

傳統物業費用的繳納是通過業主自己到物業公司前臺繳納，而且帳單查詢方面不能很方便地看到，前臺工作人員也不太情願一個一個地解釋帳單細節，那麼，在這個網絡時代，為了更加方便業主，推出自主繳費、自主查詢是很有必要的。

本章中提到的物業公司是在三級城市中的一家物業公司，其有兩個物業小區，大約有5,500戶住戶。目前實行的還是傳統的物業繳費。該物業公司的具體情況在後面會提到。

本章通過對中國網上支付發展現狀，結合物業行業發展對關於物業公司收取物業費的方式進行研究，旨在幫助物業公司在新形勢、新機遇和新挑戰下加快自身的發展，將優質的服務帶給自己的業主。筆者根據互聯網時代，通過網上支付的方式收取物業費用業務的相關規範和業務流程進行分析，建立自己的網上支付物業費系統，通過擴大網上支付費用的類別，為業主提供更加優質的服務。

當下傳統物業公司收取的費用包括物業管理費、水電費、二次供水加壓費等。而人們生活中還會發生其他的可以通過網上支付的費用，當業主需要繳納電話費時，需要登錄電信或移動網站去繳納，而當需要繳納違章罰款的時候，又需要到另一個網站上去繳納。這樣不僅僅浪費業主的時間，更是重複地浪費了資源。物業公司作為社區的管理者，可以通過整合業主生活需求，將其他的費用，包括：電話費、有線電視費、網絡服務費、養路費、違章罰款等生活相關費用整合起來，建立綜合繳費平臺。

近些年來，各大公司都在推出網上支付功能，但是卻很少將其整合起來，因為他們沒有像物業公司這樣的背景。以一個社區為支持，將社區看為一個整體，這樣就可以將各種費用都整合在一起，這樣一來，業主只需要登錄自己小區物業的網站，就能完成各種費用的繳納，這才是資源的優化配置，

本章從上述方面入手，將一些業主感興趣的繳費項目融入

到系統中去。本系統還將會增加預交金功能，可以通過預交金直接支付費用，為業主增加便利性。但是在此之前，還需要對物業費收費進行分析，希望從分析中能夠得到好的啓發。

9.1 物業費收費現狀分析

中國的物業管理開始於20世紀80年代的深圳。經過幾年的摸索前進，沿海地區的物業得到了快速發展。根據當時的國策，在沿海的經驗下，內地也得到了快速發展。根據《2014年中國物業管理行業報告》顯示，在2012年的時候，全國物業管理企業超過7萬家，從業人員突破612萬人，物業管理面積約為145.3億平方米。物業服務行業儼然已經成為了一個十分巨大的市場。但是由於行業的特性，其屬於低利潤的行業。當下人們對物資的要求越來越高，物業公司將會面臨著人力資源成本上漲、基礎設施成本增加和服務項目難度增加等導致成本增加的問題。但是物業費用的增加幅度不能跟上這些的增長，這導致不少物業公司處於虧損狀態。根據近些年的調查，物業人員的平均工資的漲幅為20%~40%，這大大衝擊了物業公司的成本和服務水平。就是在這樣的情況下，小區物業管理者按照自己的義務提供了服務，業主也按照自己的權利享受了服務，那麼業主就有義務繳納物業管理費，這本該是理所當然的事。但在全國各個地方，物業費難收繳成為較為普遍的現象，協商難成為物業公司面臨的問題。

對於收費難，主要從三個方面來講：一是從開發樓盤的企業來講，一些樓盤本身存在著質量的問題和售前承諾無法兌現的情況，這使得物業公司在道理上無法處於主動的位置；二是從物業公司來說，中國現在的物業行業還處於雜亂的環境之中，普遍存在服務質量不過關、專業性不強、與業主溝通不到

位等情況；三是從業主來講，在從眾心理的影響下，有一人不繳納物業費用，就會有很多人也採取跟從的方式，甚至一些業主由於一小點不滿意就採取不繳納費用的方式來面對。

根據法律規定，當住宅小區完成交付條件後，物業公司應該組織全小區業主成立業主委員會。但是就目前的現狀來看，進行公平和合理的協商是很困難的，主要是業主委員會比較難成立，導致業主和物業沒有很好的溝通基礎；其次是業主委員會難運作，業主委員會對自己的職責不清；最後就是會出現業主委員會由於缺乏監督，發生亂作為和不作為的情況。業主根本不能維護自己的權益。

9.2 網上支付物業費的分析

9.2.1 網上支付物業費現狀

網上支付是一種電子支付方式，當前網上支付為人們提供了很多便利。目前比較流行的有三種網上支付方式，即在線轉帳、電子現金和第三方支付平臺。其中第三方支付平臺在我們的生活中使用得比較普遍，它的基本原理是第三方與銀行之間建立支付接口，從而完成及時支付的支付方式。它是通過連接接口，將銀行帳戶上的資金轉帳到第三方平臺帳戶中，實現暫存管理，當雙方交易成功後，通過確認，再將資金轉帳到指定帳戶中，不再需要人工操作。這不僅能夠及時地完成交易，還能為交易雙方提供保障。商戶和客戶之間有多種網上支付方式，其中包括信用卡、電子錢包、電子支票和電子現金等。第三方支付平臺的普及，大大地促進了網上貿易的發展。

當下這個網絡時代，已經出現了通過網上支付繳納物業費的業務了。其中在支付寶中，就可以繳納萬科物業、龍城物

業、金成物業等物業公司的物業費了，但是，這也只是限於國內一線城市。這也是用戶的需求所致，在一線城市，生活節奏快，業主沒時間去物業公司繳費，也就形成了網上繳納物業費的業務。

現在中國網上支付的環境還是比較好的，但是近年來也發生了不少事件，揭露了網上支付的不少安全隱患。其主要有以下幾個方面：①用戶的身分冒充。不法分子通過釣魚網站、木馬等不法手段竊取用戶信息，從而以用戶的身分冒充用戶行使用戶的權利，對用戶造成巨大的財產損失。②缺乏嚴格的網絡安全制度。網站內部和局域網都需要建立完善的安全管理制度，從而保障網上交易的安全性。③非授權訪問。總體來說現在的關鍵問題是不存在統一、安全的支付機制。支付方式的革新必須依賴中央銀行的支持，而中央銀行也應加強對網上支付問題的研究和規範，積極防範與網上支付相關的金融風險。

9.2.2 某物業公司網上支付物業費的問題及對策

重慶市某區縣的物業管理有限公司建立了完善的現代化管理制度，是一家專業化的物業管理公司，以良好的人文環境、廣闊的發展空間和合理的薪資待遇吸引了一大批物業管理界的優秀人才，建立了一支高素質的員工隊伍。該物業公司由行政事務部、客戶服務部、秩序維護部、工程維修部和環境綠化部組成。其服務的內容包括：清潔衛生、園林綠化、安全防範、公共部位及設施的維護、公共設備的日常維護、交通管理、報刊郵件的代收和社區文化建設。

該物業小區算是比較新的小區，但是作為區縣裡的小區，還是存在不少問題。通過以下幾個方面，對問題進行歸集。

①人員素質不高，流動性大。物業行業作為國內的新興行業，還處於發展階段，缺乏大量高素質、專業的人才。一方面是中國高校開展相關專業教育歷時短，培養的人才有限，區縣

級的物業小區對此類人才的吸引力不足；另一方面是尚未建立規範的從業人員、行業管理標準。在這種情況下實施這樣的系統，將會有很大困難。

②留家業主年齡偏大，新鮮事物接受偏難。現在中國的城鄉化建設雖然在不斷地深化，但是還沒有得到根本上的改變，不少年輕人更加願意去大城市發展。而通過前面根據調查機構IResearch發布的《2014年中國電子銀行用戶調研報告》顯示，通過網上支付的用戶以25～35歲的年輕人群為主，網上支付業務的主要消費者是年輕人，而區縣裡小區的年輕人不是很多，這也許會讓網上支付業務受阻。

③業主與物業公司之間的信任問題。就目前國內的情況來講，不少物業公司都面臨著一個同樣的問題，那就是「收費難」。那為什麼收費難呢？原因還是信任問題。經過調查，該小區算是比較清楚地記錄了相關費用的收取以及使用情況。但是仍然有10%左右的物業費用無法收到，這對於利潤低下的物業公司更是一種打擊了，不少業主用一種看似合理，但是不合法的托辭，將建築開發商的問題轉移到物業服務公司，並且成立裙帶關係。這樣的問題直接導致收費難，以至於將會影響到該系統的效益。

④區縣金融業不發達。由於發展的推進，儘管各大銀行都在區縣建立了自己的分行，但是其主要的業務還是以存款、放貸等業務為主，銀行代扣等物業相關業務發展並不順利。這導致一些基礎設施的建設存在很大的問題，物業公司會計人員與銀行人員的帳單核對有比較大的困難，且手續繁雜，影響本系統的使用。

上述問題解決方式如下所列：

①加強員工培訓，建立員工福利體系，針對人員素質不高、流動性大的問題，我們希望通過與培訓機構合作構建「四位一體」的物業行業培訓體系，及業主代表培訓、普通員

工培訓、高級職業經理人培訓和註冊物業管理師培訓，通過培訓增加員工的素質。再通過管理層的努力，建立一套員工福利體系，增強員工的歸屬感，降低員工的流動性，從而增加員工積極性，使他們更好地完成工作；增強系統的執行性。

②推進城鄉化建設，年輕人返鄉發展。作為「一帶一路」和長江經濟帶建設的重要載體，推進新型城鎮化是重慶對接國家重大發展戰略，落實國家重大決策，實現重慶在全國一盤棋中可持續作為的戰略選擇，重慶市政府將會加快發展15個區縣發展，增加就業崗位和加快項目開發。就此將會有大批的年輕人返鄉支援建設，小區內年輕人就會增多，使得系統可用性增加。

③理清法律關係，完善定價機制。首先，當業主以不正當理由拒絕支付物業費用的時候，不要以停水斷電等消極方式反擊，這是擅用了別人的權利。應該主動與業主溝通，通過建立業主委員會，協同業主委員會將物業欠費問題與開發商遺留問題、受委託收費問題徹底劃開，從而分別解決。其次，應恪守合同相對性原則。在定價機制上，應當根據公司所處市場環境，因地制宜，提供一個與服務質量相匹配的價格。除此之外，還應不斷根據市場變化，調查瞭解消費者及業主的意見，不斷完善定價機制。

9.3 網上支付物業費繳納系統的解決方案

9.3.1 用戶需求分析

在當今社會，講究的是資源的整合，對於用戶而言，希望通過整合的平臺，來完成他們所需要的服務。本系統是一個基於網上支付物業費的繳納系統，我們打算將物業費、水電費、電話費、網費和停車費整合進我的系統中，那麼用戶就可以在

線在這個系統中完成多項費用的繳納。

傳統物業繳費是通過現場繳費的形式完成的，但是根據物業行業的特點，會出現業主主動諮詢繳費和物業工作人員催促繳費兩種情況。

業主主動諮詢繳費的業務流程如圖 9-1 所示，業主自主來到物業前臺，告知物業公司自己的業主身分，前臺核對業主身分來確認，核對完成後，到財務部去查詢該業主費用情況。如果有需要繳納的費用，業主即繳納費用，得到繳費單據，財務部通過單據，對帳表數據進行修改。

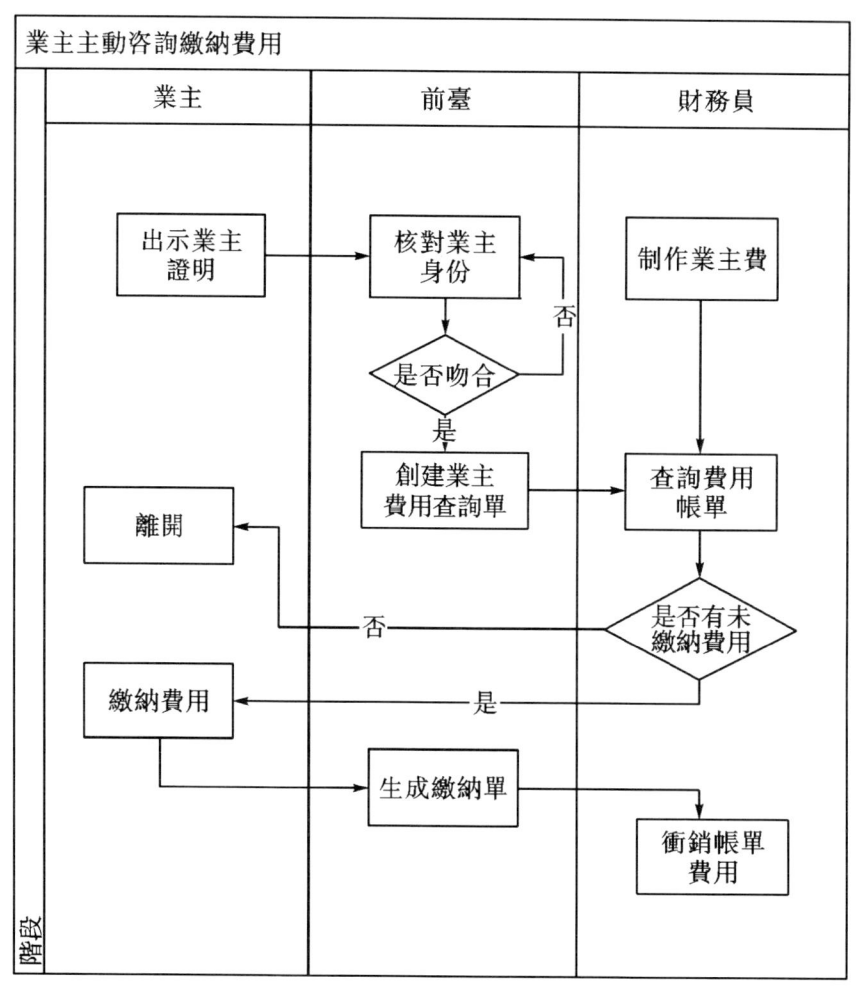

圖 9-1　業主主動諮詢繳費業務流程圖

當然，會出現一些特殊情況，如業主忘記來繳費，那麼這時候發生的業務流程如圖 9-2 所示。當財務部門製作出物業費財務報表後，業務員通過查看，通知未有及時繳納物業費的業主，如果業主來及時繳納了，那麼處理的流程和上面的一樣；如果業主還是不來繳納，那麼物業公司可以採取交涉或者是訴訟等其他方式催促他來繳納。

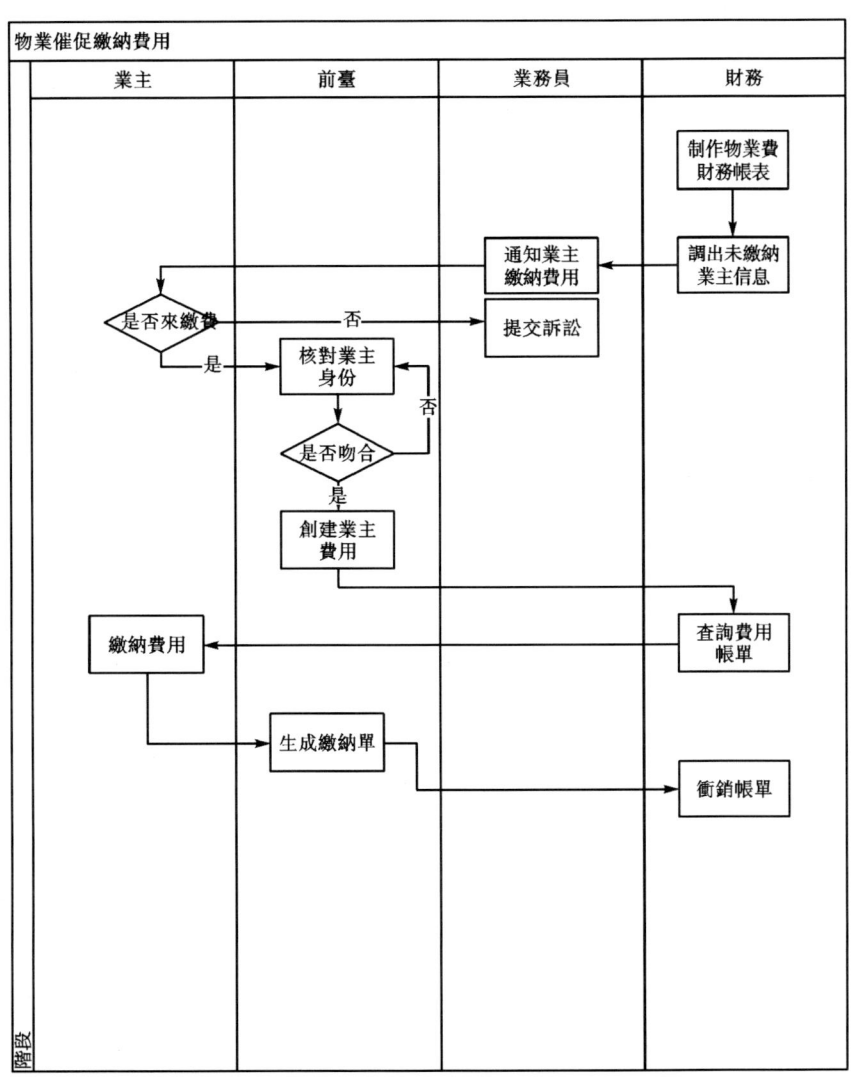

圖 9-2 物業催促繳納費用業務流程圖

9.3.2 系統設計目的

經過對上述傳統物業費用繳費流程的分析，我們發現在傳統物業費繳納的過程中，業主需要親自去物業前臺查詢自己的帳單，物業前臺還需要將業主身分信息拿到財務部去查詢帳單詳細信息，再反饋給業主。對於這個過程，我們發現有很多地方可以優化，我們希望通過財務將物業費帳單錄入系統中，前臺只需要進入系統，根據篩選條件完成帳單查詢即可，業主可以快捷、直觀地看到。在繳費過程中，增加網上支付的繳納方式和預留金的繳納方式來給業主更多的選擇空間，增加業主的用戶體驗。對於物業公司方面來說，業主有 5,500 戶之多，來前臺繳納的話，會增加前臺不少的工作量，也會增加人力成本。我們將繳納過程放入系統中，不僅降低了人力成本，還增加了業主繳費的用戶體驗。對財務來說，只需要將費用信息錄入系統中即可，不用再去手工地衝銷費用了。系統將會把用戶費用情況查詢、費用繳納、衝銷帳單和通知未繳納業主等業務流程通過系統本身實現。

9.3.3 數據流程分析

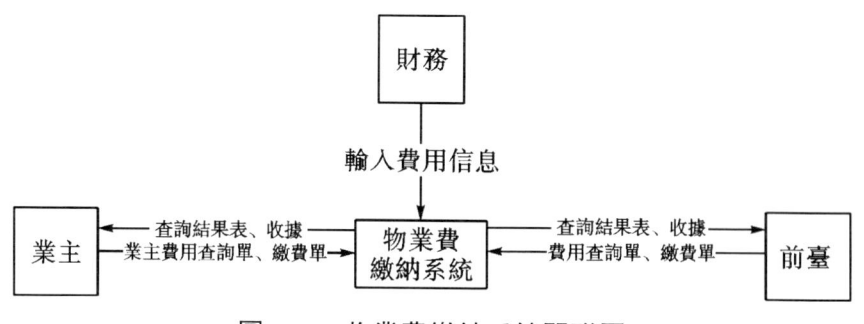

圖 9-3　物業費繳納系統關聯圖

這個系統的數據來源主要是業主、前臺客服和財務，數據去處是業主和前臺。由此我們得到了物業費繳納系統的關聯

圖，如圖9-4所示。該圖給出了整個系統的一個整體構架，明確了系統的外部實體和界面環境。

在分析出來了外部實體部分後，根據我的構思，系統將由登錄系統、繳納系統和費用管理系統構成，如圖9-4所示。

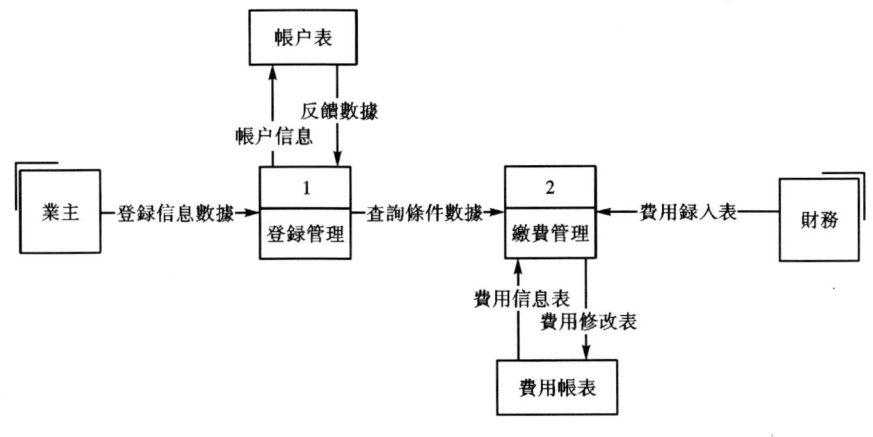

圖9-4 數據流程圖

首先是登錄系統部分，如圖9-5所示，系統將提供不同用戶的註冊和登錄功能，用戶通過填寫註冊申請表，將信息錄入帳戶表中，在登錄的時候，通過輸入帳號密碼，在帳戶表中核對，如果匹配，即登錄成功。而系統管理員的主要功能是對帳戶表進行日常維護和修改。

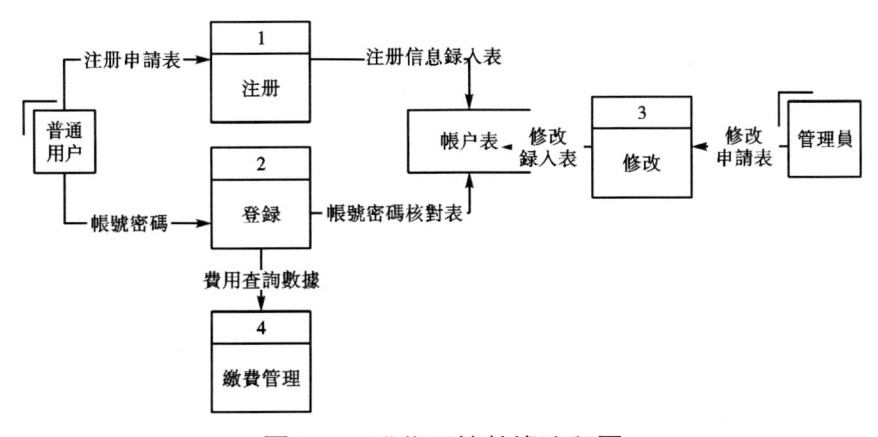

圖9-5 登錄系統數據流程圖

然後是費用管理和繳納系統，如圖9-5所示，用戶通過登錄，進入系統後，現在就只有物業費來講，系統主要有三種用戶，即業主、前臺和財務。業主進入系統，篩選查詢條件，由於用戶特性，只提供按照日期條件查詢，根據查詢條件在物業費帳表中查詢，如果有未繳納的物業費款項，系統提供兩種繳納方式，即網上支付和預留金繳納方式。繳費成功後，系統根據費用衝銷單，修改物業費帳表。前臺的功能主要是幫助業主完成繳費的指導，其查詢的條件就會多一個業主身分信息的查詢。而財務部門主要的功能是錄入費用信息。

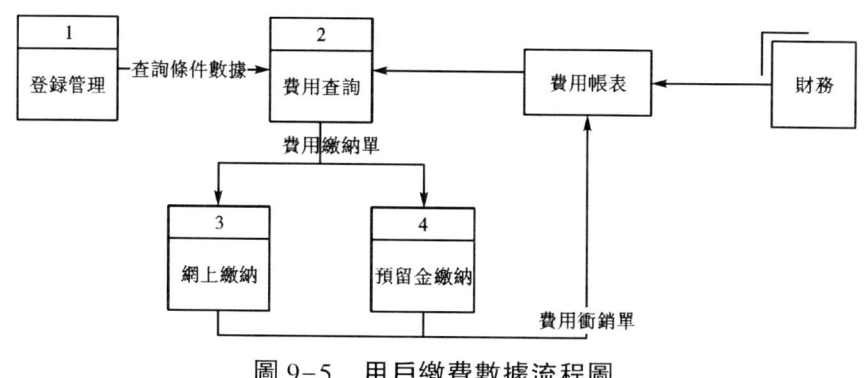

圖9-5　用戶繳費數據流程圖

在第一部分對業主需求分析的時候，我們看到業主有繳納水電費、網費和停車費的需求，和繳納物業費是一樣的道理，繳納水電費和停車費的業務流程以及數據流程是一樣的，只是處理費用的對象有所改變，繳納水電費的時候，需要水物、電力公司向物業公司提供數據。就目前來看，物業公司收取水物、電費是採取帶收的方式，這裡我們就暫時規定為，財務根據水電力公司的帳單，輸入進系統。後面就不對此做過多介紹了。

9.3.4　E-R圖分析

以下對業主繳納費用流程的E-R圖進行分析，如圖9-6

所示。其中業主作為實體，擁有業主號、業主名、密碼、電話、樓棟類型和房屋面積屬性，在查詢費用上是一對多的關係。其後是費用實體，擁有費用號、費用名、時間、業主號、費用金額和費用狀態屬性，在費用繳費上也是一對多的關係。繳費方式擁有的屬性是繳費方式號、繳費方式名、費用號、費用金額和時間屬性。

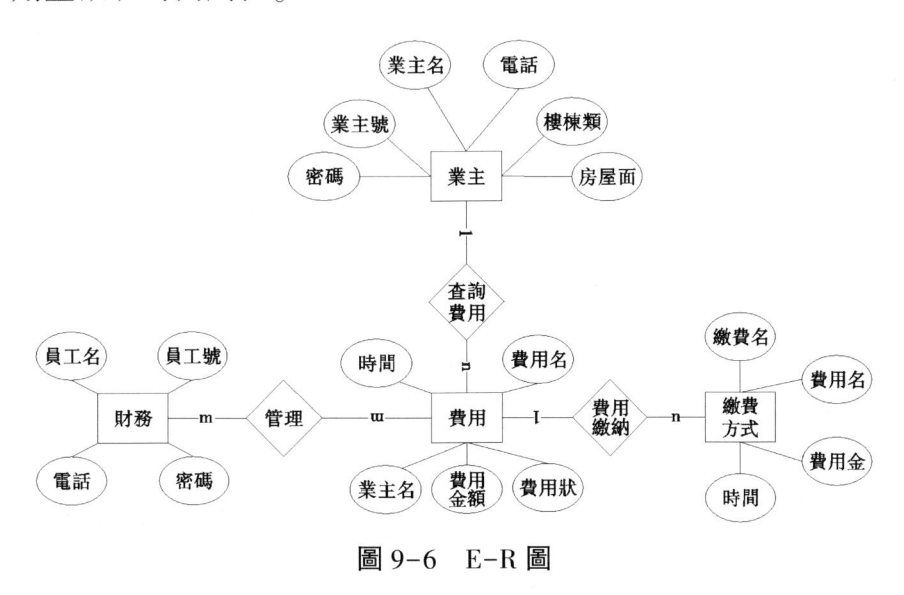

圖 9-6　E-R 圖

9.3.5　系統結構設計

通過前面對業務流程、數據流程以及 E-R 圖的分析，相信讀者對系統的主要功能模塊已經比較清晰了，即系統主要是由登錄系統、查詢系統、繳費系統組成，如圖 9-7 所示。

圖 9-7　系統結構圖

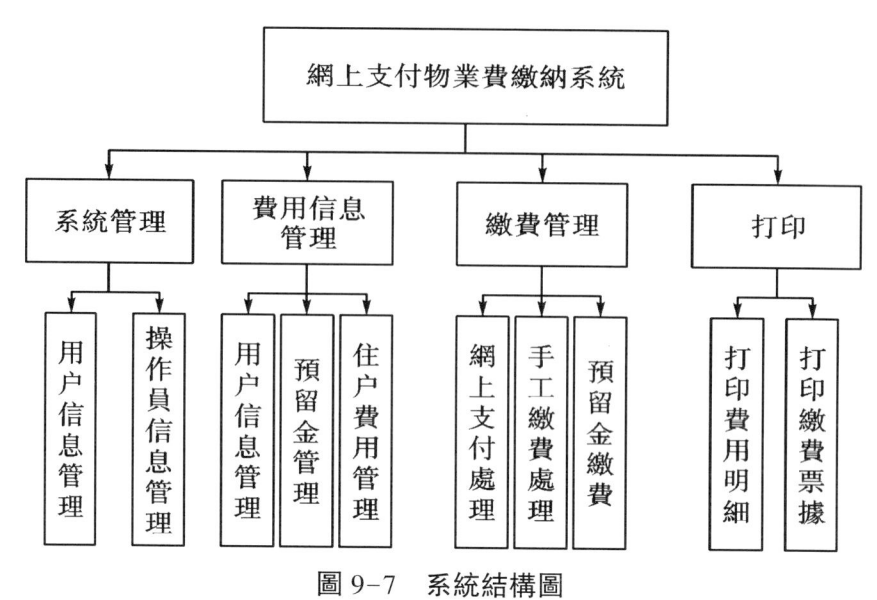

(1) 界面設計

登錄界面功能描述：用戶輸入用戶密碼，選取用戶類別後系統判斷用戶密碼是否正確和匹配，還要判斷用戶權限，用戶權限控制到具體的功能模塊。

用戶登錄圖如圖 9-8 所示：

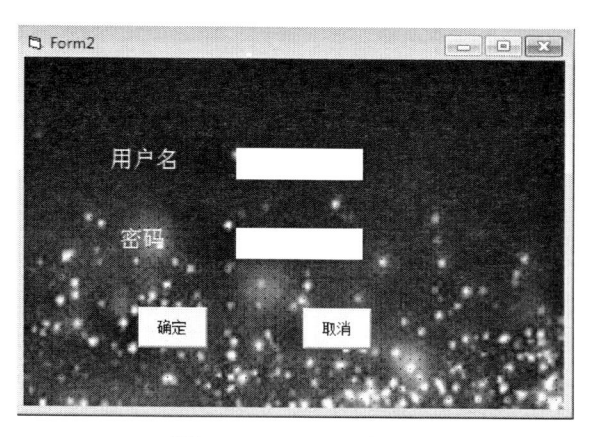

圖 9-8　用戶登錄圖

(2) 主界面

在通過了系統判定後，進入主界面，主界面分為四個功能

菜單，分別為系統管理、費用信息管理、繳費管理和打印。主界面主要由頂部、左側和右側組成，頂部主要顯示當前登錄人的信息和退出系統操作，左側是功能菜單；右側顯示相應操作的信息和顯示編輯界面。

系統主界面如圖9-9所示：

圖9-9　系統主界面圖

（3）用戶費用查詢界面

用戶費用查詢功能為用戶提供各種費用的查詢，包括物業費、水電費、網絡使用費和停車費。

用戶查詢如圖9-10所示：

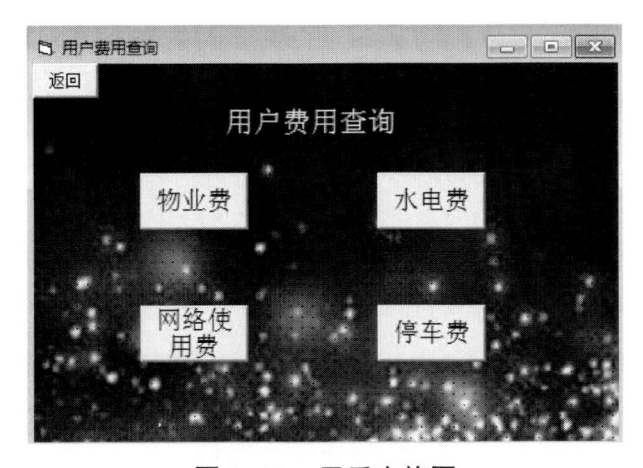

圖9-10　用戶查詢圖

（4）費用繳納界面

費用繳納功能為業主提供了三種繳納方式，即網上支付處理、手工繳費處理和預留金繳費。

繳費管理界面如圖 9-11 所示：

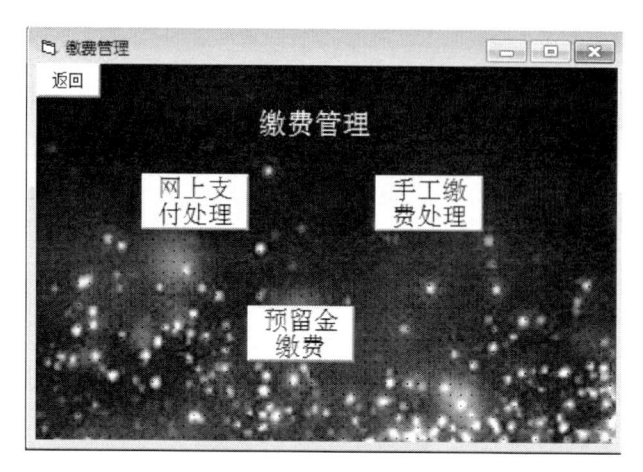

圖 9-11　繳費管理圖

（5）開發技術和平臺

系統將採用 LAMP 開發平臺，這個開發平臺是在 Linux 操作系統上配置 Apache，以 Web 服務器、Mysql 為數據庫管理系統、Php 為後臺腳本語言組成的 web 開發平臺。

LAMP 組合以其簡單性、開放性、低成本、安全性和適用性受到了越來越多人的青睞。

（6）系統使用方式

系統是通過進入瀏覽器，輸入網址，進入網站，業主通過輸入帳號密碼進入系統，如果是新業主，還會有一個註冊的過程。進入系統後，點擊查詢，通過查詢功能查找需要繳納的費用，當找到需要繳納的費用後，點擊繳納，選擇繳納方式，完成繳納費用的操作。系統後臺服務端通過數據的傳輸，使數據庫中的數據得到更新，從而完成繳費的後臺流程。

用戶想要使用本系統繳費，只需要有一臺能夠連上網的電

腦或者是手機，登錄瀏覽器即可。

作為一個新興的服務類行業，物業行業更是應當首當其衝，增大自身的利潤空間，降低自身的成本，不斷為自身的發展創造條件。城鄉化建設的推進，為區縣物業公司的發展創造了條件，各大銀行的入駐，也為物業行業帶來了新的機遇。在這樣的背景下，筆者分析了當下網上支付的現狀，對智能化小區進行了分析，得出網上支付物業費用的可行性。筆者還以一個區縣物業公司為模板，對可能出現的阻礙系統可行的問題進行了歸集，並對它們提出瞭解決的方法。

參考文獻

［1］薛玉燕．第三方支付的現狀與問題［D］．長春：吉林大學經濟學院，2014．

［2］趙穎．第三方支付模式分析及問題探索［D］．北京：對外經濟貿易大學，2006．

［3］王瑩．C2C 模式下銀行與第三方支付平臺研究［J］．產業與科技論壇，2008．

［4］黃寧玉，宋式斌．高校網上支付系統的訪問控制模型研究及系統實現［D］．北京：北京大學醫學部（信息通訊中心），2014．

［5］關文靜．對國內電子支付現狀的分析［J］．電子支付，2012．

［6］何莉．基於 B/S 和 C/S 模式結合的網上繳費系統在高校財務中的應用［D］．無錫：江南大學，2014．

［7］郭佳欣．網上繳費常見問題及其處理方法探討［J］．仲介服務，2014．

［8］原立勛．中國第三方支付現狀與發展思考［D］．西寧：中國人民銀行西寧中心支行，2014．

［9］張曄斌．淺析國內第三方支付的發展狀況及存在的問

題［J］．商場現代化，2011．

［10］羅曉萌．網絡第三方支付平臺的合法性研究［J］．重慶工商大學學報：社會科學版，2010．

［11］王旭磊，王寶海，孫春薇．銀行與第三方支付平臺的競合關係分析［J］．金融電子化，2010．

［12］郭升選．「物業費收繳難」的法律與經濟分析［D］．西安：西北大學經濟管理學院，2008．

［13］劉志碩，魏鳳，柴躍廷，等．關於中國物聯網發展的思考［J］．綜合運輸，2010．

［14］李季，劉樹啓．住宅小區智能化系統設計［J］．中國科技信息，2007．

［15］張德春．物聯網時代下的智能化物業管理模型建立［D］．鄭州：河南牧業經濟學院，2014．

［16］馬雲俊．物業管理行業發展現狀與培訓體系的構建研究［D］．沈陽：沈陽工程學院，2014．

［17］錢大勝．淺談物業管理企業人才流失問題與對策［J］．生產力研究，2010．

［18］黃文．物業管理行業人才需求及培養模式研究［J］．中國經貿導刊，2011．

［19］商業銀行代扣物業費系統的設計與實現［D］．長沙：湖南大學，2012．

［20］王邦，胡姍姍，屠楚雄．淺析中國商業銀行中間業務發展現狀和幾點建議［J］．現代物業（中旬刊），2010．

第 10 章
電子商務產業發展路徑選擇研究

　　電子商務作為現代服務業的重要組成部分，有「朝陽產業」「綠色產業」之稱，具有「三高」「三新」特點。「三高」即高人力資本含量、高技術含量和高附加價值；「三新」即新技術、新業態、新方式。中國電子商務從 2007 年開始進入快速發展階段，「網購」在中國城鄉居民的經濟生活中正扮演著越來越重要的角色。2015 年 3 月，李克強總理代表國務院向第十二屆全國人大二次會議所作的《政府工作報告》中首次提出制定「互聯網+」行動計劃，推動移動互聯網、雲計算、大數據、物聯網等與各行各業相結合，促進電子商務、工業互聯網和互聯網金融的融合發展。

　　在互聯網技術推動下，電子商務在促進產業結構優化升級、轉變經濟發展方式方面以其特有的新業態和盈利模式給了人們以極大的振奮，其未來的發展更是留給人們無限的想像空間。但是，電子商務產業的發展不可能一蹴而就，它需要遵循產業發展的內在規律。因此，選擇合適的產業路徑將有助於電子商務產業的可持續發展。

　　電子商務的發展需要考慮各個方面的因素，但總結起來有主觀因素和客觀環境兩類，其中主觀因素包括人力資本、資金投資、技術和創新等，而客觀環境上包含了政策、市場發展以

及電子商務與其他產業間的關係。另外，其文獻大多以定性分析為主，說服力較弱，因此本書運用定量模型——投入產出模型，從電子商務與其他產業間的關係入手，尋求電子商務新的產業發展路徑。

10.1　文獻回顧

電子商務的快速發展所帶來的問題令我們反思電子商務產業的發展何去何從，其發展應該考慮哪些因素。本書回顧了國外和國內的文獻，總結了這一問題。

10.1.1　國外文獻

S. Subba Rao, et al（2003）深入分析了電子商務的發展階段，並建模分析了在每個階段中小企業發展電子商務的路徑與障礙，並展望了未來研究的重點是每個階段的具體項目、開發模式和構建實證檢驗模型。Charles M. Wood 為亞太地區新興經濟體研究了一個電子商務發展的雙路徑模式，一是「自下而上」的活動，如基礎設施開發；另一個是「自上而下」的方法，如創業。兩種路徑的結合可以促進電子商務的發展以及營銷，並可以推動本國經濟的發展。其還提到了電子上網自身發展的基礎設施。Rajshekha G. Javalgi、James J，等（2005）構建了一個組織生態動力學模型並繪製了一個平行之間的種群生態學模型和目前全球電子商務環境，並研究了其發展的途徑。Wong, Xiaodong，等（2004）認為中國的互聯網市場、網民的數量、電話的普及都在以十分快的速度增長，但電子商務由於其傳統的商業模式、傳統的消費行為以及消費預期的差異等導致中國電子商務市場較西方國家發展緩慢。Chan, Busli, 等（2002）分析了電子商務在新加坡的發展模式以及發展路

徑，他們認為，新加坡作為一個小國，天然資源有限，但電子商務基礎設施良好，所以政府對企業的支持是新加坡成功發展電子商務的一個重要途徑。

這幾個較具代表性的國外文獻提到的電子商務的發展影響要素中較突出的是基礎設施的開發不夠、傳統模式的衝擊以及公共部門的支持等，中國的電子商務產業發展可以參考從這些方面入手改變電子商務的現狀。

10.1.2　國內文獻

在國內文獻中，大多數學者從定性角度分析了電子商務的路徑選擇，提出了約束要點和政策建議。如馮纓，徐占東（2011）進行了中國中小企業發展電子商務的組織特徵性和環境特徵性分析，前者分析了企業規模、信息技術水平、策略、投資規模、領導支持等，後者分析了來自同行競爭壓力、同行夥伴壓力、習俗潮流壓力的特徵，另外還有創新性特徵分析。杜勇、杜軍、陳建英（2010）著力分析了電子商務從業人員的各方面素質要求，同時丁榮濤（2013）在產業融合的情況下也探討了電子商務的人才發展，對此設計了人才人力資本優化演進框架，兩者均說明了人力資本的重要性。在傳統信息服務上的環境下也可以開展電子商務，李小東、周文文、陳遠高（2001）就對此提出了策略，其利用SWOT分析方法進行的分析，點出了不同環境對電子商務的影響各有不同。汪明峰、盧姍（2009）就文化、歷史、政策法律、空間格局等因素研究了不同國家之間B2C電子商務發展依賴的路徑。線下電子商務需要物流管理作重要支撐，若物流管理嚴重滯後，在一定程度上會造成電子商務發展的困境，而邱均平、宋恩梅（2002）針對此提出了電子商務中物流管理的創新，可見電子商務的發展還涉及了另一些產業。微觀角度上講，也有不少學者對電商企業進行了討論，比如丁乃鵬、黃麗華（2002）從電子商務

成長的環境方面，討論電子商務模式的特點及其對企業發展的影響，提到了環境；黃曉蘭（2010）以義烏市某飾品廠為例，分析了中小企業發展電子商務面臨著物流、第三方支付平臺、客戶忠誠度和網絡技術方面的困難，並提出相應改善意見；譚曉林、周建華（2013）將影響企業電子商務採納的因素按照範圍程度上由大及小的順序將其劃分為三個層面：區域層次上的因素、產業層次上的因素和企業層次上的因素。企業電子商務採納的關鍵在於價值創新。為提高企業電子商務採納成功率，企業需要從內、外兩個方面入手，有效匹配資源，提高環境恰適度，走自主創新之路。

綜上所述，電子商務的發展需要考慮各個方面的因素，但總結起來有主觀因素和客觀環境，其中主觀因素包括人力資本、資金投資、技術和創新等，而客觀環境上包含了政策、市場發展以及電子商務與其他產業間的關係。另外，其文獻大多以定性分析為主，說服力較弱，因此本書運用定量模型——投入產出模型，從電子商務與其他產業間的關係入手，尋求電子商務新的產業發展路徑。

針對電子商務產業存在的問題和良好的發展前景，結合該產業的特點，電子商務應該有其獨特的產業發展路徑。因此，本書利用電子商務產業相關數據，利用投入產出模型，計算相關指標，並建立合理的模型，分析電子商務產業未來產業結構優化的發展路徑。

10.2　電子商務產業發展路徑模型構建

國家「十二五」規劃把發展電子商務作為產業結構優化升級、轉變經濟發展方式的戰略重點。電子商務產業具有市場全球化、交易連續化、成本低廉化、資源集約化等優勢。如果

將產業結構看作是一個生態系統，電子商務產業則是這個生態系統中的一個種群，其發展必然受到供給投入要素和需求產出方面的約束。因此，電子商務產業的發展路徑需要遵循產業生態系統的內在規律，在動態中不斷向平衡態趨近，以達到該產業生態系統整體的和諧發展。如何選擇在產業生態系統中的發展路徑是本書擬研究的問題。本研究從約束路徑和擴張路徑兩個角度考察了電子商務產業的發展路徑。

10.2.1 約束路徑選擇模型

在產業系統中，直接消耗系數可表示產業間單條消耗鏈的直接層級關係，完全消耗系數可表示產業間通過多條消耗鏈構成的網狀結構直接和間接層級關係總和[1]。電子商務產業約束路徑選擇模型的依據是電子商務產業對其他某一產業的完全消耗系數越接近直接消耗系數，那麼該產業間接消耗系數越小，就說明電子商務產業對該產業間接消耗過程中所經歷的產業鏈網較簡單或產業鏈網間產業關聯較弱。這種消耗關係網絡的自適應、自組織和自調節能力較差。由於消耗關係網絡較簡單和單一，因此這一產業的波動引起電子商務產業的波動較直接，從這一產業到另一產業間形成的「投入」「輸送」關係網絡運行風險較大，而且抗風險能力較弱。所以，這一產業必須發展充分，若此系數越小，這一產業發育不足，就越容易約束電子商務產業發展，形成電子商務產業快速發展的約束條件。

在產業系統中，直接消耗系數（a_{ij}）可表示產業間單條消耗鏈的直接層級關係，完全消耗系數（b_{ij}）可表示產業間通過多條消耗鏈構成的網狀結構直接和間接層級關係總和。那麼約束路徑選擇模型為：

---

[1] 司增綽. 中國流通產業的關聯效應與發展路徑研究——以批發和零售業為例［J］. 山東財經大學學報，2013，125（3）：28-37.

$$\min_{i=1}^{n}(s_{ij}) = \min_{i=1}^{n}\frac{b_{ij}}{a_{ij}}(i, j = 1, 2, \cdots, n，且 a_{ij} \neq 0)$$

（10-1）

式中 s_{ij} 為第 j 產業對第 i 產業的完全消耗系數（a_{ij}）與直接消耗系數（b_{ij}）的比值；$\min_{i=1}^{n}(s_{ij})$ 表示約束路徑選擇指標，即要想快速發展第 j 產業，應當協同快速發展使 s_{ij} 取得最小的第 i 產業，否則其將受到約束而得不到合理的發展。

10.2.2 擴張路徑選擇模型

針對產業產出而被其他產業需求的角度來說，擴張路徑，即電子商務產業對某一產業的完全分配系數遠離直接分配系數，間接分配系數較大，說明電子商務產業對該產業間接分配過程中所經歷的產業鏈網較複雜或產業鏈網間產業關聯較強。這反應出電子商務產業對該產業的分配較間接，電子商務產業與該產業形成的分配關係網絡較複雜。這種分配關係網絡的自適應、自組織和自調節能力較強。電子商務產業對該產業的分配關係，其實就是該產業對電子商務產業的需求關係。該系數越大，這種需求關係就越強。

在產業系統中，直接分配系數（r_{ij}）可表示產業間單條分配鏈的直接層級關係，完全分配系數（d_{ij}）可表示產業間通過多條分配鏈構成的網狀結構直接和間接層級關係總和。那麼擴張路徑選擇模型為：

$$\max_{j=1}^{n}(l_{ij}) = \max_{j=1}^{n}\frac{d_{ij}}{r_{ij}}(i, j = 1, 2, \cdots, n，且 d_{ij} \neq 0)$$

（10-2）

式中 l_{ij} 為第 i 產業對第 j 產業的完全分配系數（r_{ij}）與直接分配系數（d_{ij}）的比值；$\max_{j=1}^{n}(l_{ij})$ 表示擴張路徑選擇指標，

即要想穩步發展第 i 產業，應當間接協同快速發展使 l_{ij} 取得最大的第 j 產業。

10.2.3 發展路徑選擇模型

為了找到促進電子商務在產業生態系統中又好又快發展的路徑，本書參考相關文獻，建立電子商務發展的約束路徑選擇模型和擴張路徑選擇模型。能夠分別滿足 $\min\limits_{i=1}^{n}(s_{ij})$ 和 $\max\limits_{i=1}^{n}(l_{ij})$ 的產業 i 及產業 j 是保證電子商務產業又快又好發展的約束路徑選擇和擴張路徑選擇。那麼，路徑選擇模型為：

$$\begin{cases} \min\limits_{i=1}^{n}(s_{ij}) = \min\limits_{i=1}^{n}\dfrac{b_{ij}}{a_{ij}}(i, j = 1, 2, \cdots, n, \text{且 } a_{ij} \neq 0) \\ \max\limits_{j=1}^{n}(l_{ij}) = \max\limits_{j=1}^{n}\dfrac{d_{ij}}{r_{ij}}(i, j = 1, 2, \cdots, n, \text{且 } d_{ij} \neq 0) \end{cases}$$

(10-3)

式中，s_{ij} 為第 i 產業種群對第 j 產業種群的完全消耗系數與直接消耗系數的比值；$\min\limits_{i=1}^{n}(s_{ij})$ 表示約束路徑選擇指標，即要想快速發展第 j 產業種群，應當協同快速發展使 s_{ij} 取得最小的第 i 產業種群；l_{ij} 為第 i 產業種群對第 j 產業種群的完全分配系數與直接分配系數的比值；$\max\limits_{j=1}^{n}(l_{ij})$ 表示擴展路徑選擇指標，即要想穩步發展第 i 產業種群，應當間接協同快速發展使 l_{ij} 取得最大的第 j 產業種群；能夠分別滿足 $\min\limits_{i=1}^{n}(s_{ij})$ 和 $\max\limits_{j=1}^{n}(l_{ij})$ 的產業 i 及產業 j 是保證電子商務產業又快又好發展的必然路徑選擇和最優路徑選擇。

本書運用投入產出法分析產業關聯效應，計算出一系列反應產業之間相互關係、相互影響的指標，從而揭示電子商務產

業與其他產業的關聯特性[①]。

10.3 主要系數的計算方法

本書運用投入產出法分析產業關聯效應。投入產出法是美國經濟學家列昂惕夫於 1936 年首次提出的，主要運用投入產出表對經濟問題進行定量分析。投入產出表反應了社會再生產過程中各部門之間的技術經濟聯繫，並通過一系列的系數值反應了產業之間的關聯關係及其強度。完整的國民經濟價值型投入產出表包括中間使用、最終使用、中間投入和增加值四個部分。這樣就可以利用數據，計算出一系列反應產業之間相互關係、相互影響的指標，從而揭示某產業與其他產業的關聯特性。

10.3.1 直接消耗系數

直接消耗系數，也稱投入系數，記為 $a_{ij}(i, j = 1, 2, \cdots, n)$，它是指在生產經營過程中第 j 產品（或產業）部門的單位總產出直接消耗的第 i 產品部門貨物或服務的價值量。將各產品（或產業）部門的直接消耗系數用表的形式表現就是直接消耗系數表或直接消耗系數矩陣，通常用字母 A 表示。它充分揭示了國民經濟各部門之間直接的經濟技術聯繫，即部門之間相互依存和相互制約關係的強弱。

直接消耗系數的計算方法為：用第 j 產品（或產業）部門的總投入 X_j 去除該產品（或產業）部門生產經營中直接消耗的第 i 產品部門的貨物或服務的價值量 x_{ij}，用公式表示為：

[①] 趙敏. 河北省金融服務業發展路徑研究 [D]. 石家莊：河北經貿大學，2011.

$$a_{ij} = \frac{x_{ij}}{X_j} (i, j = 1, 2, \cdots, n) \quad (10-4)$$

式中，a_{ij}為直接消耗系數，是j部門單位總產出對i部門產品的直接消耗量；x_{ij}是j部門為獲得當期總產出而對i部門的消耗量；X_j為j部門的總產出。a_{ij}是生產過程中，產出與直接消耗之間的線性比例關係，在本研究中可以用於反應電子商務產業對上游產業群的直接消耗情況，可以用來測度電子商務產業對後向產業群的直接依賴關係大小，量化了電子商務產業的後向直接關聯效應。

10.3.2 完全消耗系數

完全消耗系數，通常記為$b_{ij}(i, j = 1, 2, \cdots, n)$，是指第$j$產品部門每提供一個單位最終使用時，對第$i$產品部門貨物或服務的直接消耗和間接消耗之和。利用直接消耗系數矩陣A計算完全消耗系數矩陣B的公式為：

$$B = (I - A)^{-1} - I \quad (10-5)$$

在完全消耗系數矩陣中，矩陣$(I - A)^{-1}$為列昂惕夫逆矩陣，記為$\bar{B}$，I是單位矩陣。其元素$\bar{b}_{ij}(i, j = 1, 2, \cdots, n)$為列昂惕夫逆系數，它表明第$j$部門增加一個單位最終使用時，對第$i$產品部門的完全需要量。

10.3.3 直接分配系數

直接分配系數是第i部門產品分配給j部門作為中間產品使用的數量占該種產品總產出量的比例，某產業的直接分配系數越大，說明其他產業對該產業的直接需求越大，其直接供給推動作用越明顯。用計算公式表示：

$$r_{ij} = \frac{x_{ij}}{X_i}(i, j = 1, 2, \cdots, n) \quad (10-6)$$

式中，r_{ij}為i產品對j部門的分配系數；x_{ij}為i產品分配給j部門作為中間產品使用的數量；X_i為i產品的總產出量。直接分配系數描述國民經濟各部門提供的貨物和服務（包括進口）在各中間使用之間的分配使用比例。可以利用電子商務產業的直接分配系數量化其前向直接關聯效應。

10.3.4 完全分配系數

完全分配系數是一個從產出方向分析產業之間的直接和間接技術經濟聯繫的指標，其經濟含義是：某產業或部門每一個單位總產出通過直接和間接聯繫需要向另一個產業提供的分配量。完全分配系數是i部門單位總產出直接分配和全部間接分配（包括一次間接分配，二次間接分配，……，多次間接分配）給j部門的數量，是i部門對j部門的直接分配系數和全部間接分配系數之和。它反應i部門對j部門直接和通過別的部門間接的全部貢獻程度。利用直接分配系數矩陣R計算完全分配系數矩陣D的公式為：

$$D = (I - R)^{-1} - I \tag{10-7}$$

其中I為單位矩陣。直接分配系數r_{ij}僅反應了兩個部門（或產品）之間的直接分配關係，完全分配系數d_{ij}中表現了兩個部門（或產品）的全部分配關係，既有兩個產品間的直接分配關係，同時又有通過各產品（中間產品）傳遞的全部間接分配關係。可以利用電子商務產業的完全分配系數量化其前向完全關聯效應。

10.3.5 影響力系數

影響力系數是反應國民經濟某一部門增加一個單位最終使用時，對國民經濟各部門所產生的生產需求波及程度。影響力系數F_j的計算公式為：

$$F_j = \frac{\sum_{i=1}^{n} \bar{b}_{ij}}{\frac{1}{n}\sum_{i=1}^{n}\sum_{j=1}^{n} \bar{b}_{ij}} \quad (j = 1, 2, \cdots, n) \tag{10-8}$$

其中，$\sum_{i=1}^{n} \bar{b}_{ij}$ 為列昂惕夫逆矩陣的第 j 列之和，表示 j 部門增加一個單位最終產品，對國民經濟各部門產品的完全需要量；$\frac{1}{n}\sum_{i=1}^{n}\sum_{j=1}^{n} \bar{b}_{ij}$ 為列昂惕夫逆矩陣的列和的平均值。

當 $F_j > 1$ 時，表示第 j 部門的生產對其他部門所產生的波及影響程度超過社會平均影響水平（即各部門所產生波及影響的平均值）；當 $F_j = 1$ 時，表示第 j 部門的生產對其他部門所產生的波及影響程度等於社會平均影響水平；當 $F_j < 1$ 時，表示第 j 部門的生產對其他部門所產生的波及影響程度低於社會平均影響水平。顯然，影響力系數 F_j 越大，表示第 j 部門對其他部門的拉動作用越大。

10.3.6 感應度系數

感應度系數是反應國民經濟各部門均增加一個單位最終使用時，某一部門由此而受到的需求感應程度。感應度系數 E_i 計算公式為：

$$E_i = \frac{\sum_{j=1}^{n} \bar{b}_{ij}}{\frac{1}{n}\sum_{i=1}^{n}\sum_{j=1}^{n} \bar{b}_{ij}} \quad (i = 1, 2, \cdots, n) \tag{10-9}$$

其中，$\sum_{j=1}^{n} \bar{b}_{ij}$ 為列昂惕夫逆矩陣的第 i 行之和，反應當國民經濟各部門均增加一個單位最終使用時，對 i 部門的產品的完全需求；$\frac{1}{n}\sum_{i=1}^{n}\sum_{j=1}^{n} \bar{b}_{ij}$ 為列昂惕夫逆矩陣的行和的平均值，反應

當國民經濟各部門均增加一個單位最終使用時，對全體經濟部門產品的完全需求的均值。

當 $E_i > 1$ 時，表示第 i 部門受到的感應程度高於社會平均感應度水平（即各部門所受到的感應程度的平均值）；當 $E_i = 1$ 時，表示第 i 部門受到的感應程度等於社會平均感應度水平；當 $E_i < 1$ 時，表示第 i 部門受到的感應程度低於社會平均感應度水平。

10.4 研究對象及數據來源

本書數據來自於中國統計局公布的《中國投入產出表》。在投入產出表 135 部門分類中並沒有電子商務產業這一獨立的產業，經國標 GB4754-2011 分類對比和分析，本研究認為電信和其他傳輸服務業、計算機服務業的主流是電子商務產業，電子商務是由這兩個產業作為主導支撐的。在電子商務中，尤其是在利用互聯網進行網絡購物並以銀行卡付款的消費方式已日漸流行，對應的物流過程必不可少，因而包含快遞服務的郵政業對電子商務有重要的推動作用；軟件業和通信設備製造業雖然不能直接約束電子商務產業的發展，但一款優良的軟件或通信設備卻能很大程度上提高電子商務的效率，尤其是兩者的結合——如手機服務終端，方便、快捷，更符合市場的需要。最後，電子計算機製造業、電子元器件製造業為電子商務活動提供了重要的基礎設施。因此本研究對電子商務的產業發展從這七個產業入手，即電信和其他傳輸服務業、計算機服務業、郵政業、軟件業、通信設備製造業、電子計算機製造業和電子元器件製造業。這七個產業的集合作為電子商務的產業集群，是電子商務發展的新模式。這七個產業雖然不能充分代表電子商務集群，但是至少已經涵蓋了其主流，具有一定的代表性。

因此，這七個產業的發展能夠反應電子商務的發展情況。

10.5　產業關聯度實證分析

筆者利用上文構建的模型和收集到的數據進行了測算，得到了各直接消耗系數、完全消耗系數、直接分配系數、完全分配系數、影響力系數、感應度系數，以及產業約束路徑和擴張路徑。由於產業部門較多，本書只展示部分有效數據來進行關聯度和波及效應兩個方面的分析。

10.5.1　產業關聯度分析

電子商務產業作為產業鏈中的一個部分，既是要素的供給者，又是市場的需求方。作為供給者，它通過向其他產業提供要素的投入（金融產品和服務的提供）來確立自己在產業鏈中的地位；而作為需求方，它則通過對其他產業產出的消費來顯示其在產業鏈中的作用。在依存度的基礎上，本文計算出了電子商務產業直接消耗系數和直接分配系數，如表10-1和表10-2所示。通過這兩個系數可以看出電子商務產業與下游行業、上游行業的關聯程度。

直接消耗系數的大小可以描述其他產業為目的產業所消耗的程度，數值越大，說明其消耗程度越大。從表10-1可以看出，對通信設備製造業投入較大的有電子元器件製造業，其自身產業，塑料製品業，電線、電纜、光纜及電工器材製造業，批發零售業等。通信設備製造業每產出1萬元的通信設備產品，分別直接需要以上產業3,070元、1,653元、519元、513元和421元的消耗；對電子計算機製造業投入較大的有電子元器件製造業、其自身產業、銀行業、證券業和其他金融活動、批發零售業、塑料製品業等；電子元器件製造業的生產需要投

入最多的是其自身產業，其直接消耗系數是 0.409,3，而其他產業均在 0.05 以下，比如專用化學產品製造、金屬製品和冶煉等，這說明該產業的生產主要需要其自身產品的投入；郵政業需要投入較大的有其他交通運輸設備製造業、批發零售業、航空運輸業、其自身產業等，可見郵政業的投入來自於交通運輸方面，包括運輸業本身和交通工具的製造；各產業對電信和其他信息傳輸服務業的直接消耗系數除了電線、電纜、光纜及電工器材製造業，均在 0.05 以下。可見該產業對其他產業原材料的需求比較均勻，沒有特別的側重，其他產業的投入都有需要，如通信設備製造業，批發零售業，電力、熱力的生產和供應業，其他電器機械及器材製造業等；計算機服務業是指為滿足使用計算機或信息處理的有關需要而提供軟件和服務的行業，是一種不消耗自然資源、無公害、附加價值高、知識密集的新型行業，從表 10-1 可以看出為了滿足該行業的需求，只要需要提供硬件基礎設施的電子計算機製造業、通信設備製造業以及提供軟件基礎的電信和其他信息傳輸服務業；軟件業，顧名思義，是生產或製造軟件的產業，理所應當地需要電信和其他服務信息傳輸服務業、電子計算機製造業等的投入，但在表 10-1 中可見對其投入貢獻最大的是商務服務業。分析現狀，其原因是軟件業的發展需要企業管理、廣告宣傳等附加的價值，可見中國的軟件製造或開發的質量還有待提高。最後，從表 10-1 中可見，與電子商務產業有關的這七個行業，其投入影響較大的產業中除了與電子產品有關的產業以外，還有批發零售業，說明現在的電子商務的發展中批發零售也佔有重要地位。

表10-1 電子商業相關產業的直接消耗系數排名前10的產業部門

通信設備製造業		電子計算機製造業		電子元器件製造業		郵政業		電信和其他信息傳輸服務業		計算機服務業		軟件業	
直接消耗系數	排名前10的部門	直接消耗系數	排名前10的部門	直接消耗系數	排名前10的部門	直接消耗系數	排名前10的部門	直接消耗系數	排名前10的部門	直接消耗系數	排名前10的部門	直接消耗系數	排名前10的部門
0.3070	電子元器件製造業	0.4519	電子元器件製造業	0.4093	電子元器件製造業	0.0736	其他交通運輸設備製造業	0.0599	電線、電纜、光纜及電工器材製造業	0.1442	電子計算機製造業	0.0846	商務服務業
0.1653	通信設備製造業	0.1930	電子計算機製造業	0.0381	專用化學產品製造業	0.0593	批發零售業	0.0374	通信設備製造業	0.0602	電信和其他信息傳輸服務業	0.0769	電信和其他信息傳輸服務業
0.0519	塑料制品業	0.0323	銀行業、證券業和其他金融活動	0.0381	金屬制品業	0.0555	航空運輸業	0.0302	批發零售業	0.0504	通信設備製造業	0.0644	電子計算機製造業
0.0513	電線、電纜、光纜及電工器材製造業	0.0265	批發零售業	0.0316	有色金屬冶煉及金屬製品業	0.0340	郵政業	0.0277	電力、熱力的生產和供應業	0.0448	印刷業和記錄媒介的複製業	0.0575	印刷業和記錄媒介的複製業
0.0421	批發零售業	0.0173	塑料制品業	0.0262	塑料制品業	0.0338	石油及核燃料加工業	0.0202	其他電氣機械及器材製造業	0.0431	房地產業	0.0429	房地產業
0.0364	其他通用設備製造業	0.0144	金屬制品業	0.0257	有色金屬壓延加工業	0.0316	建築業	0.0201	商務服務業	0.0273	商務服務業	0.0335	銀行業、證券業和其他金融活動
0.0241	金屬制品業	0.0094	其他電氣機械及器材製造業	0.0225	電力、熱力的生產和供應業	0.0257	道路運輸業	0.0132	房地產業	0.0273	汽車製造業	0.0317	航空運輸業
0.0213	商務服務業	0.0094	軟件業	0.0220	玻璃及玻璃制品製造業	0.0243	商務服務業	0.0125	電信和其他信息傳輸服務業	0.0245	計算機服務業	0.0199	計算機服務業
0.0147	研究與試驗發展業	0.0080	其他電子設備製造業	0.0207	批發零售業	0.0221	印刷業和記錄媒介的複製業	0.0108	儀器儀表製造業	0.0240	批發零售業	0.0185	住宿業
0.0136	其他電氣機械及器材製造業	0.0076	造紙及紙制品業	0.0127	基礎化學原料製造業	0.0141	電力、熱力的生產和供應業	0.0089	其他服務業	0.0182	航空運輸業	0.0167	餐飲業

直接消耗系數分析的是其他產業對電子商務產業發展的影響，而直接分配系數則量化了電子商務產業集群的產出對其他產業的分配情況，可比較分析其他產業的生產對電子商務產業的依賴程度。表 10-2 列舉了電子商業相關產業的直接分配系數排名前 10 的產業部門。對於通信設備製造業，其產出主要流向了其本身產業、電信和其他信息傳輸服務業、電子計算機製造業、計算機服務業、其他交通運輸設備製造業。與此分配結構類似的還有電子元器件製造業，其分配去向主要有電子計算機製造業、其本身產業、通信設備製造業、家用視聽設備製造業等。這兩個方面產出產品主要都應用在其本身和與其本身相關或相近的產業裡，而被應用在其他領域的較少，如交通、文化等。而電子計算機製造業的產出不僅會反過來為其自身產業提供發展需求，而且還被應用在商務服務業、公共管理等，這是電子計算機發展到一定程度後必然會出現的現象，另外軟件的製造必不可少地需要電子計算機。郵政業被主要應用到了公共管理和社會服務、教育保險、金融活動等領域。電信和其他信息傳輸服務業的流向主要包括公共管理和社會組織、批發零售業、保險業等。計算機服務業的產出被應用到了金融行業，保險業，電力、熱力的生產和供應，電信和其他信息傳輸服務業等，可見其不僅在第三產業發展，而且在第二產業也有較好的發展前景。在軟件業的直接分配系數中，只有電子計算機製造業和其本身產業的系數不為 0，且數值懸殊大，因為軟件的生產大多在電子計算機上使用，還有極少部分會再次被軟件業使用而再生產更多更高端的軟件。另外，軟件被極少運用在其他產業，至少基本不會直接運用在其他產業，而是需要結合電子計算機或通信設備等才能發揮其在其他領域的價值，因此表中的數據是合理可信的。

表10-2 电子商务相关产业的直接分配系数排名前10的产业部门

通信设备制造业 排名前10的部门	直接分配系数	电子计算机制造业 排名前10的部门	直接分配系数	电子元器件制造业 排名前10的部门	直接分配系数	邮政业 排名前10的部门	直接分配系数	电信和其他信息传输服务业 排名前10的部门	直接分配系数	计算机服务业 排名前10的部门	直接分配系数	软件业 排名前10的部门	直接分配系数
通信设备制造业	0.1653	电子计算机制造业	0.1939	电子计算机制造业	0.4723	公共管理和社会组织	0.1882	建筑业	0.1218	银行业、证券业和其他金融活动	0.1038	电子计算机制造业	0.0989
电信和其他信息传输服务业	0.0354	商务服务业	0.0627	电子元器件制造业	0.4093	教育	0.0611	公共管理和社会组织	0.0436	保险业	0.0523	软件业	0.0004
电子计算机制造业	0.0101	公共管理和社会组织	0.0133	通信设备制造业	0.1850	保险业	0.0407	有色金属冶炼及金属制造业	0.0415	电力、热力的生产和供应业	0.0419	计算机服务业	0.0000
计算机服务业	0.0062	计算机服务业	0.0103	家用视听设备制造业	0.1219	银行业、证券业和其他金融活动	0.0375	电信和其他信息传输服务业	0.0401	电信和其他信息传输服务业	0.0298	农业	0.0000
其他交通运输设备制造业	0.0056	软件业	0.0061	文化、办公用机械制造业	0.0450	邮政业	0.0340	批发零售业	0.0260	电信元器件制造业	0.0268	林业	0.0000
舶舶及浮动装置制造业	0.0049	专业技术服务业	0.0061	仪器仪表制造业	0.0408	其他通用设备制造业	0.0336	教育	0.0218	软件业	0.0264	畜牧业	0.0000
雷达及广播设备制造业	0.0042	建筑业	0.0039	家用电力器具制造业	0.0393	住宿业	0.0323	水上运输业	0.0209	计算机服务业	0.0245	渔业	0.0000
其他	0.0032	通信设备制造业	0.0035	输配电力及控制设备制造业	0.0375	医药制造业	0.0318	钢压延加工业	0.0183	工艺品及其他制造业	0.0225	农、林、牧、渔服务业	0.0000
房地产业	0.0015	其他专用设备制造业	0.0034	雷达及广播设备制造业	0.0341	批发零售业	0.0318	电力、热力的生产和供应业	0.0179	纺织服装、鞋、帽制造业	0.0207	煤炭开采和洗选业	0.0000
装卸搬运和其他运输服务业	0.0011	教育	0.0032	其他电气机械及器材制造业	0.0263	纺织服装、鞋、帽制造业	0.0270	银行业、证券业和其他金融活动	0.0179	汽车制造业	0.0200	石油和天然气开采业	0.0000

10.5.2 波及效果分析

當某一個部門的產出增加一個單位時，為了滿足其生產，國民經濟的各個部門都會受到需求影響，此為拉動效應，即拉動了國民經濟的發展。影響力系數則反應了國民經濟某一部門增加一個單位最終使用時，對國民經濟各部門所產生的生產需求波及程度。表10-3顯示了本研究所涉及的七個部門的影響力系數在所有產業中的排名。

對應地，面對國民經濟各個部門的最終需求都增加一個單位時，每一個部門也總會在總產出方面做出反應，但是不同的部門反應程度是不一樣的。本書將感應度作為衡量這一現象的指標進行了分析。表10-3也顯示了本研究所涉及的七個部門的感應度系數在所有產業中的排名。

表10-3　電子商務相關產業的影響力系數和感應度系數以及在所有產業中的排名

產業名稱	影響力系數	排名	感應度系數	排名
通信設備製造業	1.338,3	3	0.543,2	85
電子計算機製造業	1.368,3	1	0.958,6	38
電子元器件製造業	1.270,7	9	3.731,2	5
郵政業	0.823,2	111	0.424,5	111
電信和其他信息傳輸服務業	0.672,9	126	0.967,9	37
計算機服務業	1.004,4	71	0.449,3	102
軟件業	0.888,6	99	0.333,4	134

從表10-3中可見，只有通信設備製造業、電子計算機製造業、電子元器件製造業的影響力系數是在135個產業中的前十，說明其生產變動對國民經濟的波及效應很大，尤其是電子計算機製造業排名第一。可見隨著電子計算機的發展，它被廣

泛應用在各行各業，不僅是人民生活需要它，人類生產管理活動中它也必不可少，其在國民經濟的生產發展中尤為重要。而郵政業、電信和其他信息傳輸服務業、計算機服務業、軟件業的影響力系數排名卻很靠後，可見其對國民經濟發展還不敏感，至少效果還不夠明顯。

而從感應度系數來看，若國民經濟各部門最終需求都增加一個單位，對目的部門需求程度各有不同，而以上七個部門中只有電子元器件製造業在這方面的排名靠前，排在第五位，而其他大多排名靠後，尤其是軟件業，排在倒數第二。通信設備製造業、電子計算機製造業、郵政業、電信和其他信息傳輸服務業、計算機服務業和軟件業的感應度系數均小於1，說明電子商務產業對社會生產的拉動影響程度小於社會平均水平。從這個角度來說，電子商務產業的發展還比較獨立，該部門受其他部門的需求感應程度較低，國民經濟發展對該產業的拉動作用也較小。

從電子商務各相關產業的影響力系數和感應度系數可以看出，電子商務產業對國民經濟的推動作用大於金融服務業對國民經濟的拉動作用。國民經濟整體發展到一定程度才能使電子商務有進一步的發展，而電子商務卻沒有被很好地運用在其他部門。因此，電子商務產業還有很大的發展空間，任何沒有應用電子商務產業的部門都因此而擁有更大的商機，只有電子商務產業主動結合更多其他未涉獵的部門，電子商務產業高效、方便的特點才能得到體現，也能使國民經濟更上一層樓。這也是電子商務產業發展路徑的新方向。

10.6 電子商務產業路徑選擇

對於電子商務產業的發展路徑，本書通過約束路徑和擴張

路徑兩個方面，通過計算 s_{ij} 和 l_{ij}，並且剔除無效數據，通過比較 $\min\limits_{i=1}^{n}(s_{ij})$ 和 $\max\limits_{j=1}^{n}(l_{ij})$，可以判斷出保證電子商務產業良好發展前景的約束產業和擴張產業。如表10-4列舉了電子商務各相關產業各自的約束路徑和擴張路徑，表中只列舉了影響效果較強的前5個產業。圖10-5則直觀地描述了電子商務產業的發展路徑框架模型。

表10-4　電子商務各相關產業的約束路徑和擴張路徑的選擇

通信設備製造業		電子計算機製造業		電子元器件製造業		郵政業	
約束路徑	擴張路徑	約束路徑	擴張路徑	約束路徑	擴張路徑	約束路徑	擴張路徑
其他電氣機械及器材製造業	石油及核燃料加工業	雷達及廣播設備製造業	農業	軟件業	房地產業	倉儲業	石油及核燃料加工業
有色金屬壓延加工業	合成材料製造業	通信設備製造業	石油及核燃料加工業	電子計算機製造業	水上運輸業	農業	煉鋼業
玻璃及玻璃製品製造業	衛生	電機製造業	煉鋼業	通信設備製造業	航空運輸業	專用化學產品製造業	旅遊業
有色金屬冶煉及合金製造業	植物油加工業	其他電子設備製造業	有色金屬壓延加工業	其他電子設備製造業	旅遊業	起重運輸設備製造業	植物油加工業
輸配電及控制設備製造業	飼料加工業	研究與試驗發展業	畜牧業	電子元器件製造業	倉儲業	日用化學產品製造業	衛生

電信和其他信息傳輸服務業		計算機服務業		軟件業	
約束路徑	擴張路徑	約束路徑	擴張路徑	約束路徑	擴張路徑
其他交通運輸設備製造業	電線、電纜、光纜及電工器材製造業	文化、辦公用機械製造業	漁業	通信設備製造業	計算機服務業
郵政業	植物油加工業	其他電氣機械及器材製造業	旅遊業	家用電力和非電力器具製造業	軟件業
航空運輸業	汽車製造業	電線、電纜、光纜及電工器材製造業	城市公共交通業	電子計算機製造業	電子計算機製造業
建築業	鐵路運輸設備製造業	家用視聽設備製造業	商務服務業	計算機服務業	
其他專用設備製造業	電機製造業	其他服務業	燃氣生產和供應業	汽車製造業	

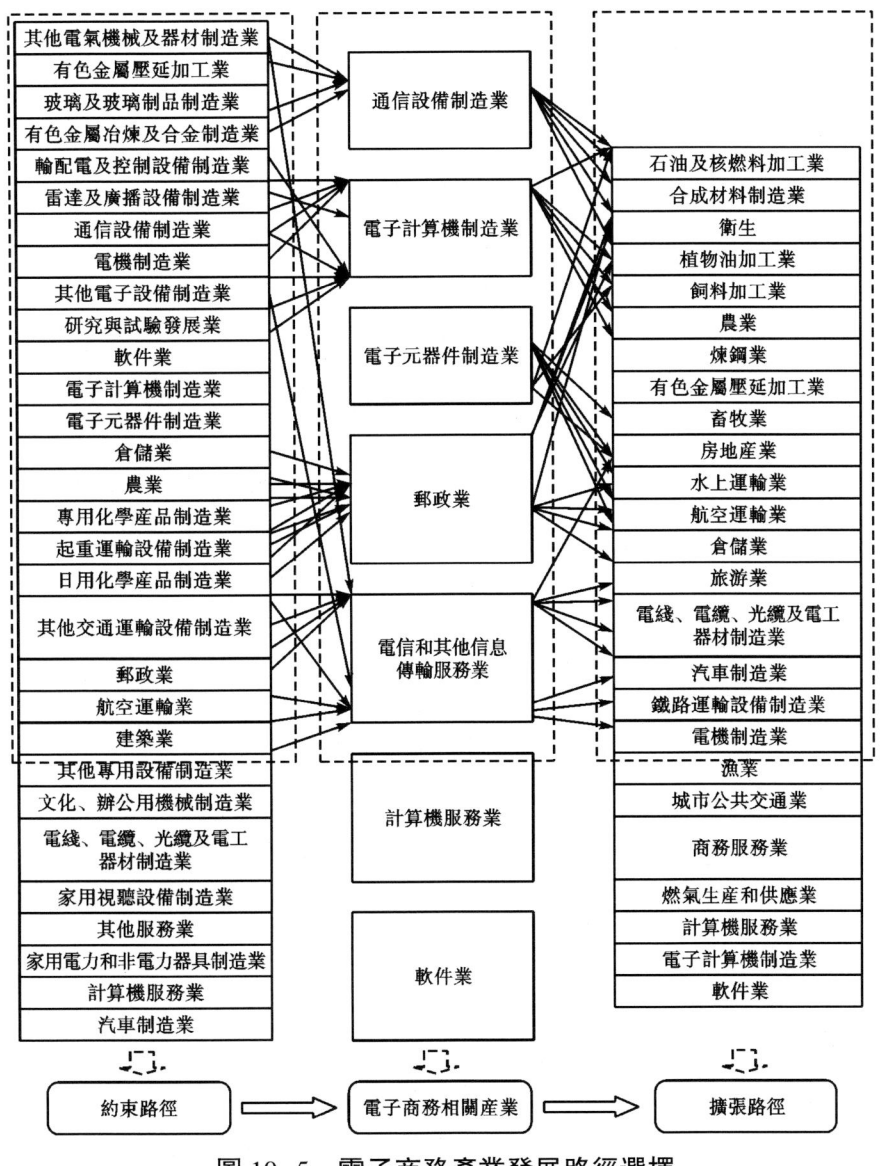

图 10-5　電子商務產業發展路徑選擇

本研究結合研究目的和現有資料，選擇將電信和其他傳輸服務業、計算機服務業、郵政業、軟件業、通信設備製造業、子計算機製造業和電子元器件製造業這七個產業的集合作為電子商務的產業集群來進行研究。這七個產業的約束和擴張影響產業綜合起來便可以作為電子商務產業的發展路徑。利用數

205

據，並計算建模，從圖 10-5 的結果可以看出，這七個產業綜合起來，約束路徑涉及 30 個產業，擴張路徑涉及 22 個產業。電子商務產業的約束路徑主要包括各種電子設備、通信設備和機械製造，以及這些產業所需的金屬等原材料的生產，它們為電子商務產業的發展提供了重要的硬件基礎，另外還有現代服務業，即它們的發展滯後或不充分將成為電子商務產業發展的約束性路徑，因此中國電子商務產業發展政策應關注基礎設施和服務業的發展，用產業升級優化提升傳統電子商務層級。對應的，電子商務產業的擴張路徑除了包括該產業集群所包含的各行業外，還主要包括各種運輸業、旅遊業，甚至加工產業、傳統製造業、現代製造業、現代服務業，這些產業快速發展容易帶動電子商務產業快速發展，成為電子商務產業發展的擴張性產業。可見，電子商務的運用不僅僅局限在傳統的服務業，隨著電子商務的快速發展，其被不斷地運用在國民經濟發展的各產業，甚至原料加工和農業，它們通過與電子商務結合，可以更加高效、快捷，從而拉動整個國民經濟的發展，這便是電子商務的發展潛力或者商機的所在。因此應關注這些對電子商務產業帶動力、擴張潛力大的產業發展，為電子商務產業發展創造引擎。

10.7　政策建議

　　通過本章建立的電子商務產業發展路徑，形成了電子商務未來複雜的產業鏈。但是僅僅通過產業結構改善來發展電子商務是不夠的，還應該改善其外部環境和內部因素。本書對此提出了如下政策建議：

10.7.1 建立公平、公正的電子商務法律系統

對於新興的電子商務產業，國家應該出抬可操作的電子商務法以及電子商務貿易相關的法律、法規。沒有可行的法律、法規的限制，僅僅靠現有經濟法、合同法等法律的約束是遠遠不能符合電子商務產業的特點的。中國電子商務法律體系應該既要符合中國電子商務產業的實際要求，又要能和國際電子商務接軌。借鑑歐盟和美國的立法，在側重保護消費者權益的前提下，兼顧經營商合法權益的保護，維護和促進電子商務的發展。電子商務法律、法規必須具有能夠規範交易程度和行為、保障公平交易和安全、明確規定電子商務違法犯罪行為的法律責任等，使得規範電子商務產業有法可依，為電子商務產業的發展提供可靠、安全的法律保障和外部環境。2012 年 3 月 14 日，國家工商行政管理總局出抬了《關於加強網絡團購經營活動管理的意見》，以規範網絡團購市場經營秩序，維護網絡消費者和經營者的合法權益。同年 3 月 16 日，商務部有關負責人透露，2012 年將逐步出抬網絡交易系列規章來規範電子商務市場。包括此前就已醞釀多時的《網絡零售管理條例》和《關於保護網上商業數據的指導辦法》《網上交易小額爭端解決辦法》等法律規章將於年內制定和發布。同年 10 月 3 日，央行發布《支付機構預付卡業務管理辦法》，辦法規定購買和為預付卡充值均要實名制；禁止使用信用卡購買預付卡和為預付卡充值。這都說明，中國正在努力建設公平、公正的電子商務法律體系，為電子商務產業的發展提供保障。

10.7.2 建立誠信第三方支付平臺，完善誠信體制，建立社會信用體系

電子商務與傳統商務最大的區別就是其交易方式多樣化，既存在線上交易，又存在線下交易。線上交易就必須存在一個

可靠的第三方支付平臺，通過其監督與管理使得賣家與買家達到共贏的目的。要解決電子商務的信用問題不僅是要求電子商務網站應該遵循信用原則，還得要為電子商務交易的各方參與者建立必要的、適合電子商務特徵的誠信體系。支持發展第三方支付平臺有助於建設一個全面維護各方參與者的機構或者組織，從而促進社會誠信體系建設。中國就促進第三方平臺建設做出了一定的努力：2012年2月5日，淘寶網宣布，斥資1億元打造的中國首個網購維權平臺——淘寶消費者維權保障平臺，將於春節後正式上線。同年6月28日，央行在其網站上公布了2012年第一批支付牌照名單，這是自2011年5月26日以來，央行第四次向第三方支付企業發放《支付業務許可證》，至此央行共發放196張第三方支付牌照。

10.7.3 提高物流效率

電子商務的發展離不開物流的發展。電子商務是由信息流、商流、物流和資金流組成的，物流作為其重要組成部分，嚴重影響電子商務發展速度的快慢。電子商務越來越普遍，物流的發展如果不進行新的改進，則會制約電子商務的發展。因此，提高物流的管理水平與速度，降低物品遞送成本，提高遞送效率，讓物流過程透明化、安全化是物流行業改善的重點，讓用戶體會到物流的方便、快捷和安全是物流行業所需要改善的，國家應該鼓勵國內企業與國外、境外物流企業開展各種形式的合資、合作，積極發展第三方物流，逐步建立起全國現代物流配送體系。2012年3月19日，支付寶啓動物流POS戰略，未來3年內將投入6萬臺POS機，幫助中國電子商務的貨到付款模式全面從付現金過渡到支付寶POS刷卡階段。支付寶的這一行動讓物流信息以及物流收費方式大大改善，也讓用戶感覺到切實的方便與安全。

10.7.4 加強人才培養

在電子商務快速發展的背景下，人才與誠信、物流一起成為影響電商產業發展的三大瓶頸。雖然中國現在電子商務人才的培養正在加速發展，然而其仍然追趕不上電商產業對人才的需求，而且每年都有大批的電商人才轉行到其他行業，放棄電子商務。這些普遍的原因造成了電子商務產業人才的匱乏。電子商務的急速擴張以及人才的流動性讓人才成為了制約電子商務產業發展的主要因素之一。為了緩和電商產業人才匱乏的局面，國家應該出抬相應的政策來促進電商人才的培養以及為電商人才提供相應的福利，使得人才流向電商產業。

一些電商企業已經意識到了人才的重要性。例如，2012年3月9日，阿里巴巴集團宣布了組織人才上的兩大舉措：一是全集團21名中高層管理幹部輪崗；二是全年只淨增200人。這樣不僅保持了人才的積極性，還保證了招收人才的質量，從而提高人才在電商發展中的作用。諸如此類的措施和政策有利於電商產業的人才培養，是值得肯定和推廣的。

10.7.5 大力發展移動商務

移動電子商務主要是指利用無線網絡進行電子商務活動，通過手機、PDA、筆記本電腦、掌上電腦相關移動通信設備，與互聯網進行有機結合。靈活、簡便是移動電子商務的主要特點，它可以滿足應用者個性化的消費需求，用戶足不出戶就能夠辦理自己所需要的娛樂、信息、服務和應用。同時電子商務具有相對安全的身分識別系統，移動設備通常都擁有特殊的身分驗證信息，這使得安全交易能夠得到保障。2012年7月8日，國內團購行業五大網站與支付寶聯合推出手機團購活動，用戶在美團網、大眾點評網等五家團購網站的手機客戶端下單，均可以使用支付寶，並獲得集分寶等獎品。同年7月24

日，支付寶、分眾傳媒、聚劃算聯合宣布開啓戰略合作，聯手進軍O2O市場。業內分析認為，隨著手機首次躍居中國網民第一大上網終端，基於移動互聯網技術的線上、線下業務融合正在提速。這些事實都表明電子商務的重心正在向移動電子商務轉移。在這個手機和移動設備充斥人們生活的時代，電子商務向移動商務發展的必要性是可想而知的，其與移動平臺的聯合能夠促進電子商務實現質的發展。全球的信息化進程推動移動電子商務成為電子商務產業的一顆新星，移動電子商務對於我們來說不再只是一種時尚，而是與我們的生活密不可分的必需。

10.7.6　建立合理的風險管理制度

電子商務由於其特殊的性質，會產生比傳統商務更大的風險，所以風險管理就成為電子商務產業所必須要注意的。電子商務風險包括商業風險、技術風險以及法律風險。規避電子商務風險不僅需要電子商務參與者熟悉電子商務環境，加強電子商務知識，更要求國家出抬相應的法律，來避免電子商務中產生的風險問題。當然，對於電子商務的技術研究也是必不可少的，這就需要國家給予相應的優惠政策，加速電子商務技術研究。對於電子商務產業來說，建立合理的風險管理制度已經迫在眉睫。2012年6月6日，阿里巴巴集團對外宣布，將在集團管理團隊中設立首席風險官（Chief Risk Officer，簡稱CRO）一職，原阿里集團秘書長邵曉鋒出任該職務。這從某種層面上說明，很多電子商務參與者已經意識到風險管理開始成為電子商務交易中必須慎重考慮的問題。

10.7.7　加強電子商務稅收管理與徵收

隨著越來越多的人加入電子商務的行列，電子商務的稅收問題也成為了中國稅收的嚴重問題。建立一個既要保障納稅公

平，又要促進電子商務產業迅速發展的稅收制度就成為中國電子商務所面對的一個重大問題。首先，關於電子商務產業的稅收制度空白，並沒有成文的稅收制度來制約電子商務行業的稅收問題，互聯網為企業提供的高科技手段在某種程度上成為了企業的避稅手段，如何確認課稅主題、課稅客體、明確課稅地點以及課稅方式，就成為中國建立電子商務稅收制度的現實問題；其次，稅收徵管乏力，電子商務的發展使稅收課稅權力受到侵犯，使稅收徵管和稽查困難重重，由於電子信息技術的發展，使得稅收徵收方式隨之落後，造成稅收資料無法搜集，避稅、逃稅行為嚴重的問題。2012年8月25日，國家稅務總局網站發布《網絡發票管理辦法》（徵求意見稿），擬將「力爭3年內把電子發票推廣至全國」以規章形式頒布實施。2012年9月25日，國家發改委公布了電子商務政策類和市場應用類項目，重慶市地稅局申報的《重慶市網絡（電子）發票試點工作方案》獲得政策類試點立項等措施都是加強電子商務產業稅收徵收的措施。

10.8　總結與展望

本章通過約束路徑和擴張路徑兩個方面的分析，計算了完全消耗系數與直接消耗系數的比值（s_{ij}）和完全分配系數與直接分配系數的比值（l_{ij}），並且剔除無效數據，比較了約束路徑選擇指標（$\min_{i=1}^{n}(s_{ij})$）和擴展路徑選擇指標（$\max_{j=1}^{n}(l_{ij})$），可以判斷出電子商務產業良好發展前景的約束產業和擴張產業。本研究選擇將電信和其他傳輸服務業、計算機服務業、郵政業、軟件業、通信設備製造業、計算機製造業和電子元器件製造業這七個產業的集合作為電子商務的產業集群來進行研

究。這七個產業的約束路徑和擴張路徑綜合起來便可以作為電子商務產業的發展路徑，這七個產業綜合起來，約束路徑涉及30個產業，擴張路徑涉及22個產業。直接影響效應來看，電子元器件製造業、通信設備製造業、塑料製品業、電線、電纜、光纜及電工器材製造業、批發零售業、電子計算機製造業、金融業、郵政和交通運輸業、通信設備製造業、電子計算機製造業、通信設備製造業以及提供軟件基礎的電信和其他信息傳輸服務業等的投入，商務服務業等產業生產發展狀況會直接影響電子商務產業發展；通信設備製造業、電信和其他信息傳輸服務業、電子計算機製造業、計算機服務業、其他交通運輸設備製造業、電子元器件製造業、通信設備製造業、家用試聽設備製造業、商務服務業、公共管理和社會服務、教育保險、金融活動等、批發零售業、保險業、金融行業、保險業、電力、熱力的生產和供應等產業反過來對電子商務產業的直接依賴效應明顯。電子商務產業的約束路徑主要包括各種電子設備、通信設備和機械製造以及這些產業所需的金屬等原材料的生產，他們為電子商務產業的發展提供了重要的硬件基礎。

另外，現代服務業的發展滯後或不充分將成為電子商務產業發展的約束性路徑，因此，中國電子商務產業發展政策應關注基礎設施和服務業的發展，用產業升級優化提升傳統電子商務層級。對應地，電子商務產業的擴張路徑除了包括該產業集群所包含的各行業外，還主要包括各種運輸業、旅遊業，甚至加工原料加工產業、傳統製造業、現代製造業、現代服務業，這些產業快速發展容易帶動電子商務產業快速發展，成為電子商務產業發展的擴張性產業。可見，電子商務需要被不斷地運用在國民經濟發展的各產業，甚至原料加工和農業，由此它們才能通過與電子商務的結合，更加高效、快捷，從而拉動整個國民經濟的發展，這便是電子商務的發展潛力或者商機的所在。關注電子商務產業帶動力、擴張潛力大的產業發展，為電

子商務產業發展創造引擎。

參考文獻

［1］S. Subba Rao, Glenn Metts, Carlo A. Mora Monge. Electronic Commerce Development in Small and Medium Sized Enterprises：A Stage Model and Its Implications［J］. Business Process Management Journal，2003（1）.

［2］Charles M. Wood. Marketing and E-commerce as Tools of Development in the Asia-Pacific Region：A Dual Path［J］. International Marketing Review，2004（3）.

［3］Rajshekha G. Javalgi, James J, Patricia R. Todd, Robert F. Scherer. The Dynamics of Global E-commerce：An Organizational Ecology Perspective［J］. International Marketing Review，2005（4）.

［4］Wong, Xiaodong, Yen, David C., Fang, Xiang. E-commerce Development in China and Its Implication for Business［J］. Asia Pacific Journal of Marketing and Logistics，2004（3）.

［5］Chan, Busli, Al-Hawamdeh, Suliman. The Development of E-commerce in Singapore［J］. Business Process Management Journal，2002（3）.

［6］馮纓，徐占東. 中國中小企業實施電子商務關鍵影響因素實證研究［J］. 軟科學，2011（3）.

［7］馮纓，趙喜倉. 中小企業電子商務發展路徑模型研究［J］. 科技管理研究，2009（10）.

［8］杜勇，杜軍，陳建英. 電子商務信息安全人員的素質測評指標體系［J］. 系統工程理論與實踐，2010（10）.

［9］丁榮濤. 產業融合下的電子商務人才發展研究［J］. 電子商務，2013（2）.

［10］汪明峰，盧姍. B2C 電子商務發展的路徑依賴：跨

國比較分析［J］.經濟地理，2009（11）.

［11］李小東，周文文，陳遠高.傳統信息服務商開展互聯網電子商務的策略研究［J］.管理工程學報，2001（4）.

［12］邱均平，宋恩梅.論電子商務中的物流管理創新［J］.中國軟科學，2002（4）.

［13］丁乃鵬，黃麗華.電子商務模式及其對企業的影響［J］.中國軟科學，2002（1）.

［14］黃曉蘭.中小企業發展電子商務的對策研究——以義務市Z飾品廠為例［J］.科技管理研究，2010（2）.

［15］譚曉林，周建華.影響企業電子商務採納的關鍵因素研究［J］.中國軟科學，2013（1）.

［16］中國電子商務研究中心.2012年度中國電子商務市場數據監測報告［R］.杭州：中國電子商務研究中心，2012.

［17］楊洋，商思娥.新時期中國電子商務發展的現狀與對策研究［J］.中國電子商務，2011（6）.

［18］曹玫.電子商務與立法［J］.電子商務世界，2003（8）.

［19］唐毅.中國電子商務環境下的稅收流失問題［J］.中國電子商務，2011（7）.

［20］中國電子商務研究中心.2012中國電子商務人才狀況報告［R］.杭州：中國電子商務研究中心，2012.

［21］趙敏.河北省金融服務業發展路徑研究［D］.石家莊：河北經貿大學，2011.

［22］司增綽.中國流通產業的關聯效應與發展路徑研究——以批發和零售業為例［J］.山東財經大學學報，2013.

［23］張哲.基於食物網理論的交通運輸業發展力研究［J］.公路交通科技，2011.

［24］陳玲.現代商貿業的產業先導作用及創新發展路徑［J］.城市問題，2010（10）.

［25］韓順法. 文化產業對相關產業的帶動效應研究［J］. 商業經濟與管理, 2012.

［26］張強, 王嬌陽. 移動電子商務的現狀及發展趨勢［J］. 中國電子商務, 2012.

國家圖書館出版品預行編目(CIP)資料

中國電子商務交易業態發展研究 / 李紅霞，粟麗屬 著. -- 第一版.
-- 臺北市：財經錢線文化出版：崧博發行，2018.10

面； 公分

ISBN 978-986-96840-5-7(平裝)

1.電子商務 2.產業發展 3.中國

490.29　　　107017663

書　名：中國電子商務交易業態發展研究
作　者：李紅霞、粟麗屬 著
發行人：黃振庭
出版者：財經錢線文化事業有限公司
發行者：崧博出版事業有限公司
E-mail：sonbookservice@gmail.com
粉絲頁　　　　　　網　址：
地　址：台北市中正區延平南路六十一號五樓一室
8F.-815, No.61, Sec. 1, Chongqing S. Rd., Zhongzheng
Dist., Taipei City 100, Taiwan (R.O.C.)
電　話：(02)2370-3310　傳　真：(02) 2370-3210
總經銷：紅螞蟻圖書有限公司
地　址：台北市內湖區舊宗路二段 121 巷 19 號
電　話：02-2795-3656　　傳真：02-2795-4100　網址：
印　刷：京峯彩色印刷有限公司（京峰數位）

　　本書版權為西南財經大學出版社所有授權崧博出版事業有限公司獨家發行電子書及繁體書繁體版。若有其他相關權利及授權需求請與本公司聯繫。

定價：450元

發行日期：2018 年 10 月第一版

◎ 本書以POD印製發行